HAIR STYLING & UP STYLE WORK BOOK

헤어 스타일링 & 업 스타일 워크북

박은준 · 권은실 · 김우빈 · 임윤경 · 임지현

메디시인

머리말

근래에 우리나라는 모든 기술 직종에서 국가직무능력표준(NCS, National Competency Standards)을 제정하여 산업 현장에서 성공적이고도 효율적인 직무수행 능력을 갖도록 필요한 지식과 기술, 그리고 소양 등을 체계화하여 기술 및 학습 교육의 표준화를 이루었습니다.

이 책은 현장 실무에 비중을 두고 헤어스타일링 & 업스타일 실습의 결과물을 포트폴리오 형태로 정리, 보관하여 효과적으로 활용할 수 있도록 워크북 형태로 만들어 졌습니다. 베이직과 응용 스타일링, 베이직과 크리에이티브 업스타일의 과정을 거치면서 전문적인 기술을 습득하고, 다양한 테크닉을 구사할 수 있도록 하였으며, 시술 시 정확한 개념, 기기의 사용, 시술 시 주의사항에 대하여 기록하여 정리하기 쉽게 집필되었습니다. 또한, 고객의 체형과 얼굴형, 모발의 길이와 모질, 모류에 대한 정확한 판단을 할 수 있는 능력을 기르고 그에 맞는 시술을 할 수 있게 하기 위함입니다.

헤어스타일링 & 업스타일의 다양한 테크닉을 실습하고, 그 내용을 기록, 촬영하여 필요할 때 쉽게 찾아볼 수 있도록 하여, 실무 현장에서 자신감을 길러주고 인정받을 수 있도록 하는 것이 이 책의 목표입니다.

헤어스타일링 & 업스타일 워크북을 통한 학습은 자율적인 학습 활동에 그치는 것이 아니고 학습효과를 판정하기 위한 하나의 자료로 사용되기를 바랍니다.

끝으로 출간에 적극적으로 참여해 주신 선생님들과 편집 디자인과 출판을 위해 애써주신 메디시언 임직원들에게도 심심한 감사의 말씀을 드립니다.

경자년 입추에

박 은 준

차례

Contents

차례

Contents

차례

Chapter 16. 스타일링 & 업 스타일 15

HAIR STYLING & UP STYLE WORK BOOK

헤어스타일링 & 업 스타일 워크북

Chapter 1

HAIR STYLING & UP STYLE 이해

1. 두상의 기본 Point

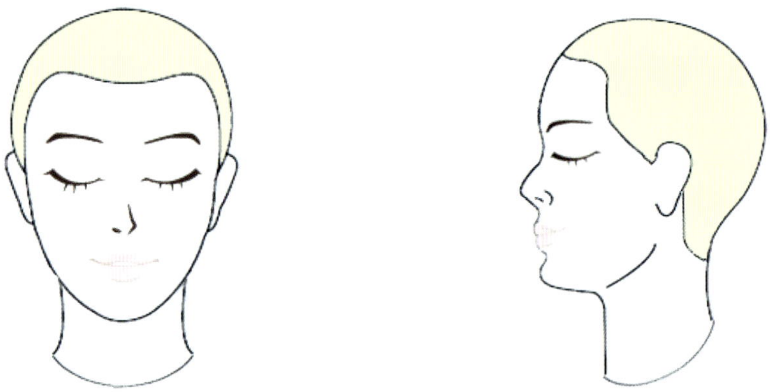

번 호	약 어	용 어

2. 두상의 Zone

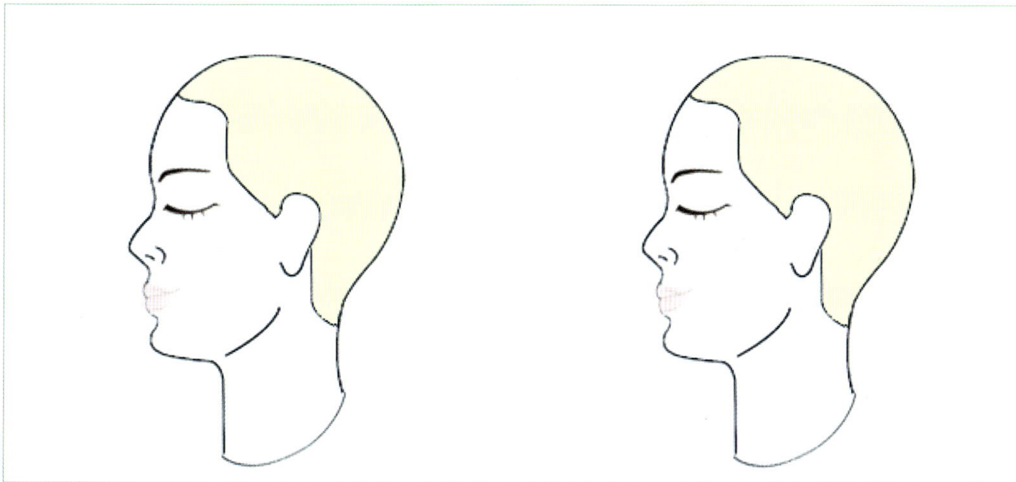

영 역	명 칭	역 할

3. 얼굴형에 따른 헤어디자인 분석

① 계란형 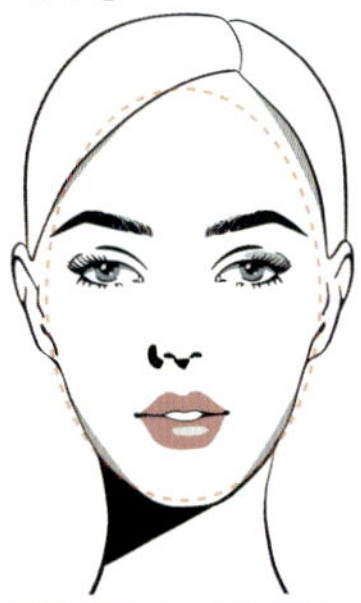	
② 둥근형 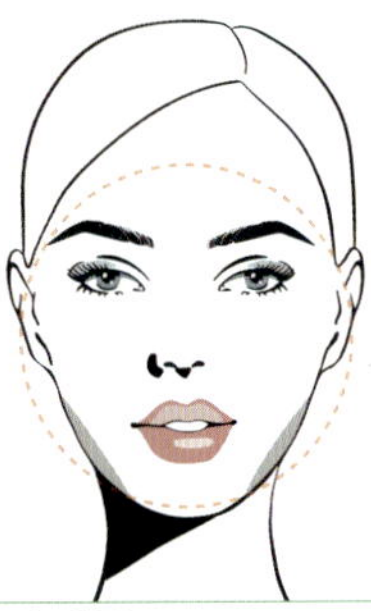	
③ 장방형 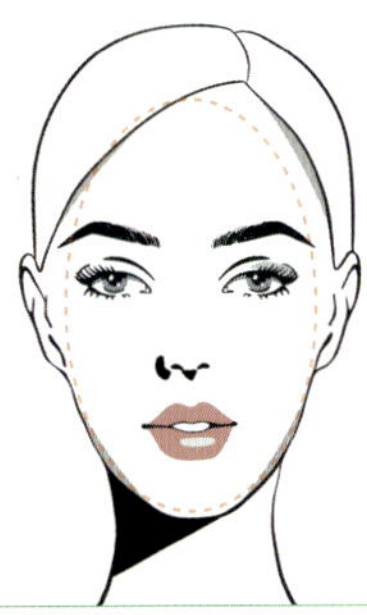	
④ 사각형 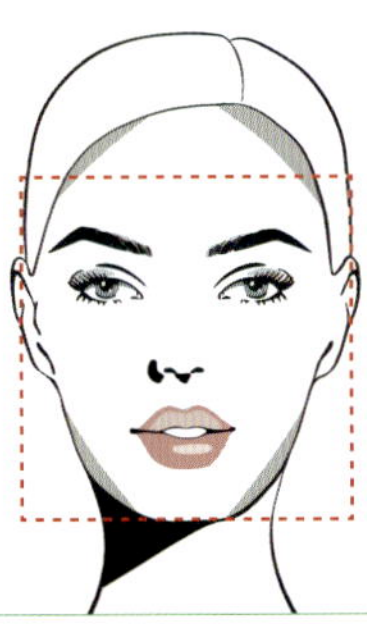	

⑤ 삼각형

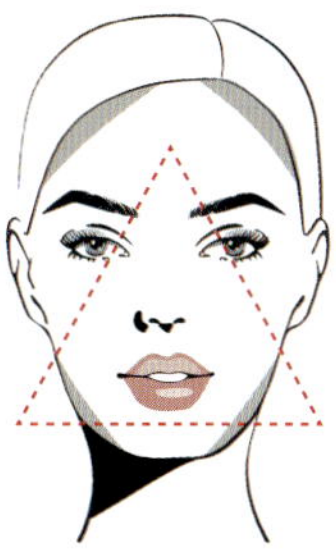

⑥ 역삼각형

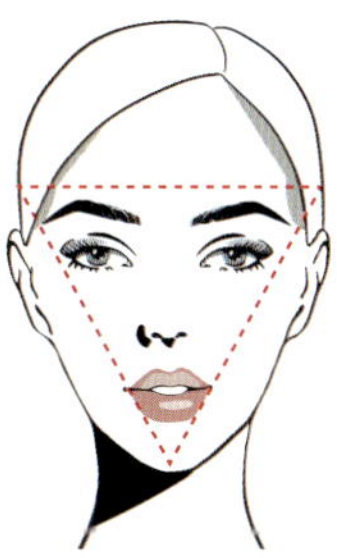

⑦ 다이아몬드형

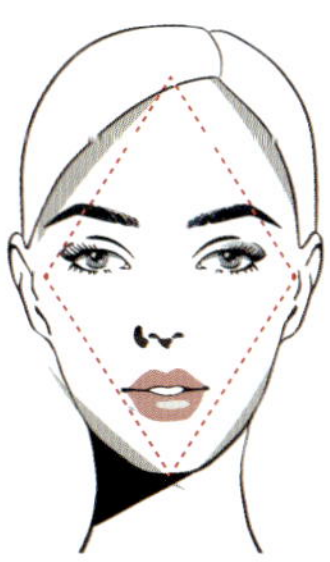

4 신체 구조에 따른 헤어 디자인 분석

(1) 체 형

정상체형 (균형 있는 체형)	
마른 체형	
키가 크고 마른 체형	
키가 작고 마른 체형	
뚱뚱한 체형	

키가 크고 뚱뚱한 체형	
키가 작고 뚱뚱한 체형	

(2) 목

긴 목	
짧은 목	

(3) 어 깨

넓은 어깨	
좁은 어깨	

5. 가르마(Part)에 따른 이미지 분석

센터 가르마 (Center Part)	
사이드 가르마 (Side Part)	
곡선 가르마 (Curve part)	

지그재그 가르마 (Zigzag Part)	
무 가르마 (Slicked-back Part)	

6. Styling

1. Styling의 정의

2. Styling의 분류

(1) 블로우 드라이의 정의

① 블로우 드라이의 장·단점

장점	단점

② 블로우 드라이의 원리

① 텐션(Tension)	
② 온도(Temperature)	
③ 속도(Speed)	
④ 각도(angle)	

③ 블로우 드라이의 특징

두상의 각도	각도	위치	특징
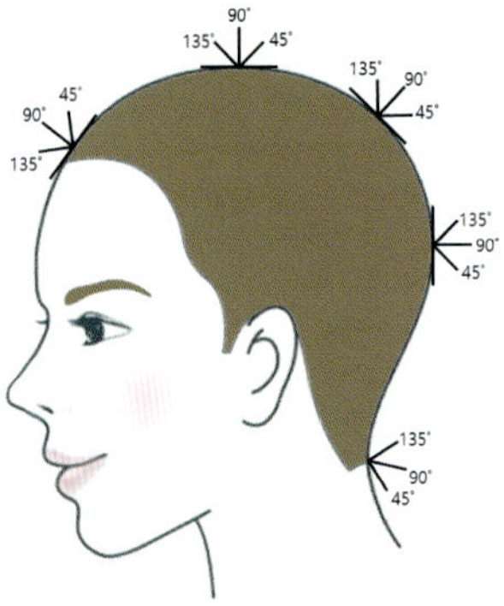			

3. 아이론 드라이의 정의

① 아이론 드라이의 장·단점

장점	단점

② 아이론 드라이의 원리

① 텐션(Tension)	
② 온도 (Temperature)	
③ 속도(Speed)	
④ 각도(angle)	

4. 블로우 드라이 & 아이론 드라이 시술 시 주의 사항

5. Styling에 활용되는 도구 및 제품 사용법과 관리

도 구	명 칭	사용 목적 및 사용 방법
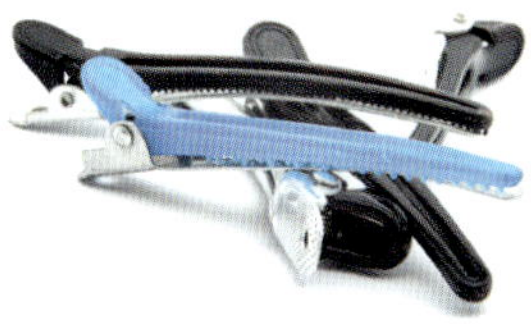		

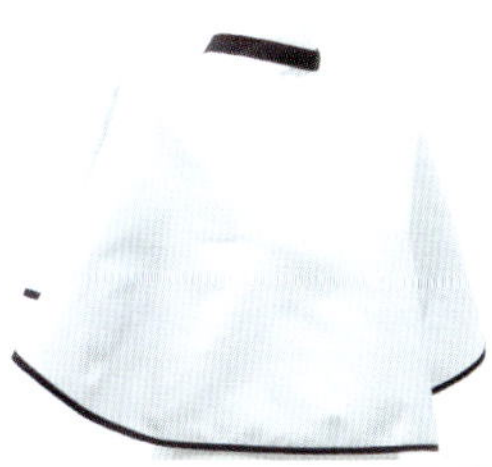		

도 구	명 칭	사용 목적 및 사용 방법

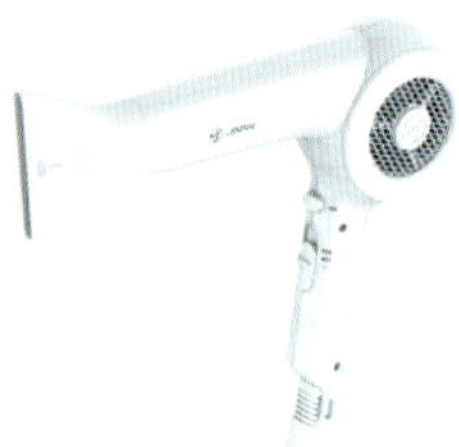		

도 구	명 칭	사용 목적 및 사용 방법
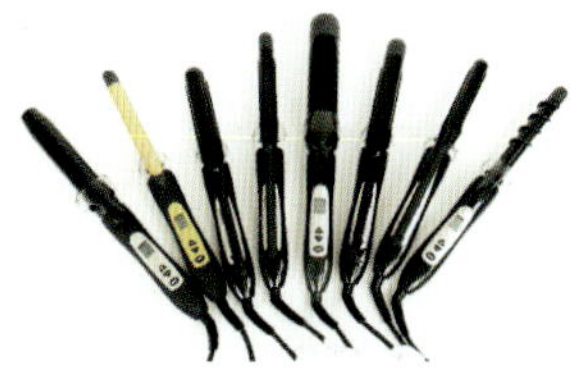		

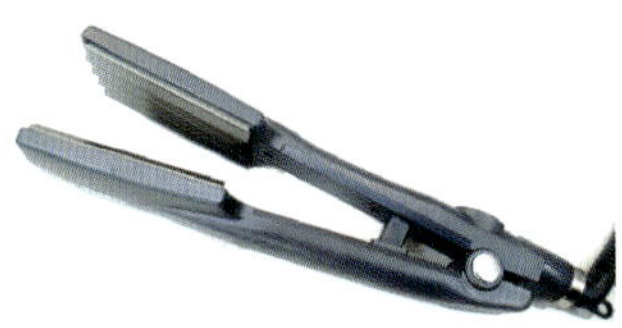		

도 구	명 칭	사용 목적 및 사용 방법

7 Up-style

1. Up-style의 정의

2. Up-style 디자인의 구성 3요소

(1) 형태 Form

① 모양(Shape)	
② 방향(Direction)	

(2) 질감 Texture

(3) 컬러 Color

① 밝음과 어두움	
② 색상의 혼합	

3. 포인트(Point)에 따른 디자인 결정

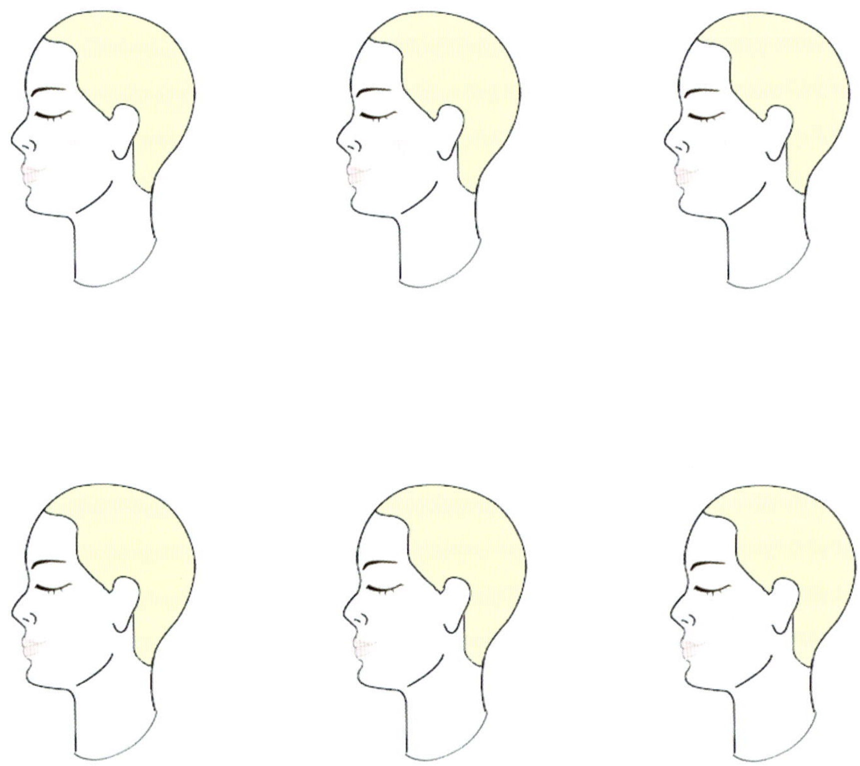

4. 고객의 특성 파악 및 이미지 분석

(1) 고객의 특성 파악

① 외부특성

목적	
의상	
장소	
기타	

② 내부특성

모발의 조건	
체형, 얼굴형, 연령	

(2) 고객의 특성 파악 및 이미지 분석

① 이미지 조사표

NO.　　년　　월　　일 ______________고객님

1. 당신이 제일 좋아하는 색은?
a. 토속적인 자연의 색조
b. 중간의 차분한 색
c. 흑, 백, 회색과 같은 무채색과 감색의 수수한 색
d. 귀여운 파스텔 톤의 색
e. 원색적이면서 생기 있고 명확한 색

2. 당신이 좋아하는 소재?
a. 진, 면직, 면 셔츠 등 간단히 세탁할 수 있는 것
b. 실크와 같이 가볍고 재질이 좋은 것
c. 트위드(직물), 울 등 편안하고 전통적인 것
d. 실크, 조젯 등과 같이 낙낙하게 입는 옷
e. 수가 장식된 옷이나, 가죽, 금속 직물등 특별난 소재와 조합

3. 당신이 좋아하는 헤어스타일은?
a. 캐쥬얼에 인위적이지 않은 스타일
b. 손질되어 깔끔하게 정돈된 스타일
c. 약간의 웨이브에 일반적인 스타일
d. 웨이브가 있고 볼륨있는 스타일
e. 개성적인 샤프한 커트

4. 당신이 좋아하는 메이크업은?
a. 그다지 색을 사용하지 않은 자연스런 메이크업
b. 얇은 화장에 품위 있는 메이크업
c. 최소한의 메이크업
e. 귀엽고 화려한 메이크업
d. 입체감 있는 강조된 메이크업

5. 당신이 좋아하는 패션은?
a. 착용감이 좋은 편안한 느낌
b. 가볍고 쉬크한 디자인
c. 깔끔한 정장
d. 여성적인 디자인
e. 샤프한 라인의 독특한 디자인

6. 제일 당신같은 이미지는?
a. 격식에 매이지 않는 솔직한 느낌
b. 조용하면서 상냥한 느낌
c. 빈틈없는 성격
d. 우아하면서 여성스런 느낌
e. 대담하고 눈에 띄는 이미지

7. 당신이 평상시 입는 옷의 스타일은?
a. 진에 T- 셔츠
b. 깔끔한 정장
c. 자켓+스커트 또는 반바지
d. 소프트한 블라우스 + 플레어 스커트
e. 직선적인 라인의 개성 있는 조합

8. 잘 차려입어야 할 때의 좋아하는 패션은?
a. 면과 니트 소재의 조합
b. 실크의 드레스와 투피스
c. 정장
d. 주름이 접힌 공주타입의 드레스
e. 기발한 조합

9. 당신이 좋아하는 액세서리는?
a. 수공제품이나 토속적인 것
b. 진주 등 작은 액세서리
c. 깔끔하고 심플한 것
d. 귀엽고 큰 우아한 것
e. 대담한 디자인에 크고 독특한 것

10. 당신이 좋아하는 핸드백은?
a. 디자인보다는 많이 들어가는 것
b. 작고 깜찍한 것
c. 심플한 비즈니스 타입
d. 부드러운 가죽의 소프트한 것
e. 크고 독특한 디자인

11. 자신을 어떤 타입이라고 생각합니까?
a. 거침없는 자유스런 타입
b. 품위가 느껴지는 무게 있는 타입
c. 수완이 있는 타입
d. 꿈꾸는 타입
e. 남들 눈에 띄는 타입

12. 어떨 때 즐거움을 느낍니까?
a. 태양아래 스포츠를 하고 있을 때
b. 남의 이야기를 듣고 있을 때
c. 자신의 재능과 능력을 인정받을 때
d. 친구들과 즐거운 시간을 보낼 때
e. 남들의 시선을 받을 때

13. 장래의 희망은?
a. 하고 싶은 일을 하면서 인생을 즐기는 파
b. 평온하고 착실한 견실파
c. 리더적 존재의 실력파
d. 인간관계를 중요하게 생각하고 따뜻한 가정을만드는 온건파
e. 스타성이 있는 야심파

14. 당신이 해 보고 싶은 직업은?
a. 방송 관계, 편집, 카피 라이터
b. 비서, 번역가
c, 교사, 팀 리더
d. 유아 용품점, 책방, 꽃집
e, 디자이너, 스타일리스트

② 이미지 체크표 1

NO.　　년　　월　　일　_______________고객님

성격 \ 선 종류	구심적	원심적	기하 직선	자유 직선	기하 곡선	자유 곡선
내츄럴						
엘레강스						
클래식						
로맨틱						
드라마틱						
아주 젊음						
활발						
개방적						
화려함						
대담						
어른스런						
침착						
화사함						
우아						
품위						
지적						
기품						
신비적						
자연스러움						
건강한						
가냘픈						
날씬함						
섬세						
상냥						
평온						
안정						
따뜻함						
밝음						
강한 의지						
와일드						
섹시						
시크						
샤프						
스마트						
챠밍						

※ 고객의 이미지가 어떠한가에 따라 ◎–강조, ○–보통으로 표시를 하면서 체크한다.

③ 이미지 체크표 2

NO.　　년　　월　　일 ______________고객님

선 종류 / 성격	질감		시농의 위치			밸런스	
	깔끔	자연스러움	상	중	하	대칭	비대칭
내츄럴							
엘레강스							
클래식							
로맨틱							
드라마틱							
아주 젊음							
활발							
개방적							
화려함							
대담							
어른스런							
침착							
화사함							
우아							
품위							
지적							
기품							
신비적							
자연스러움							
건강한							
가냘픈							
날씬함							
섬세							
상냥							
평온							
안정							
따뜻함							
밝음							
강한 의지							
와일드							
섹시							
시크							
샤프							
스마트							
챠밍							

※ 접객 시점에서 이 표를 작성한다는 것은 시술 시간에 문제가 있을 수 있다. 이를 트레이닝의 소재로 해서 일반 잡지의 사진을 보고 작성해보면 이미지의 감각을 익힐 수 있다.

5. Up-style에 활용되는 도구 및 제품 사용법과 관리

도 구	명 칭	사용 목적 및 사용 방법
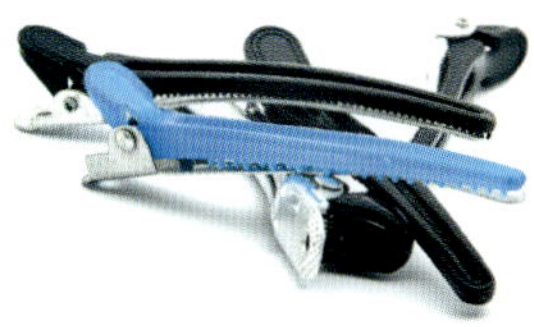		

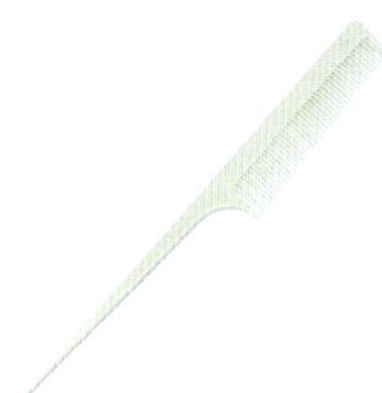		

도 구	명 칭	사용 목적 및 사용 방법
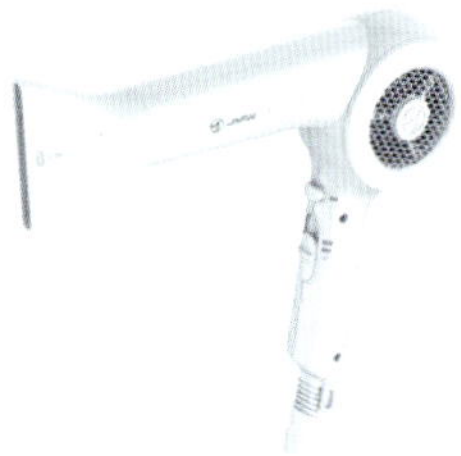		

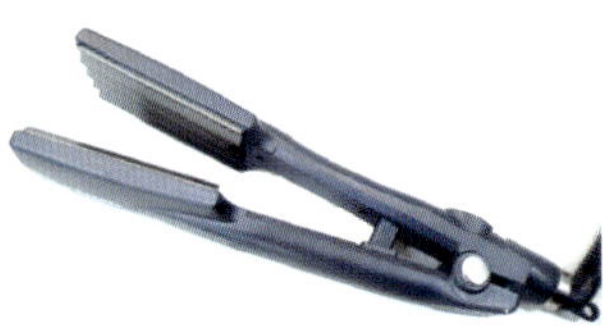		

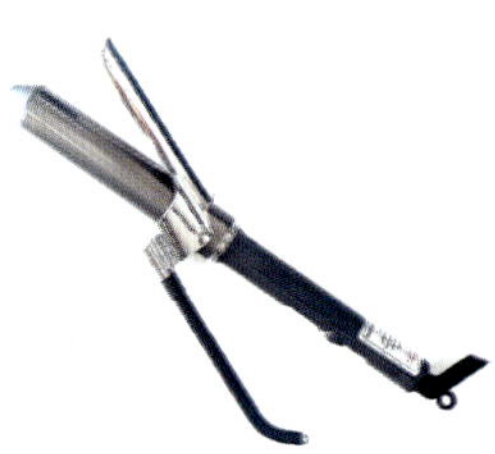		

도 구	명 칭	사용 목적 및 사용 방법

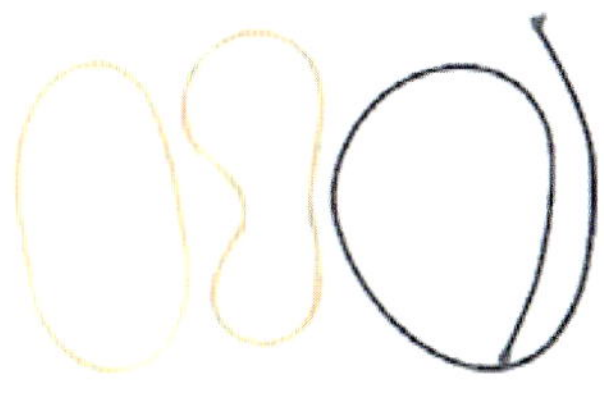		

도 구	명 칭	사용 목적 및 사용 방법
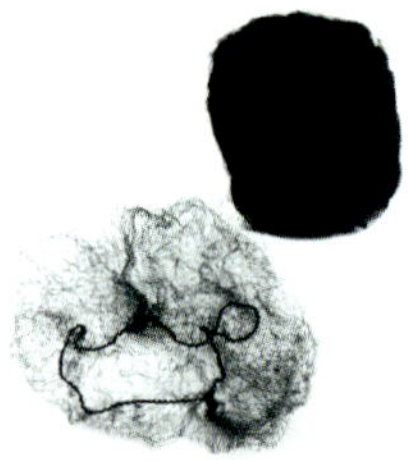		

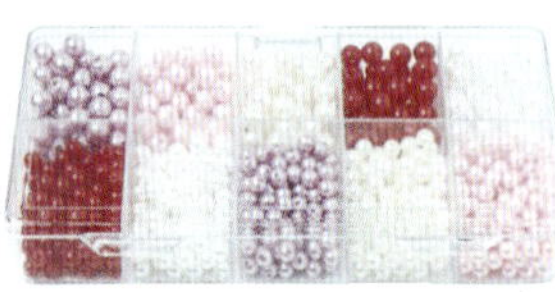		
 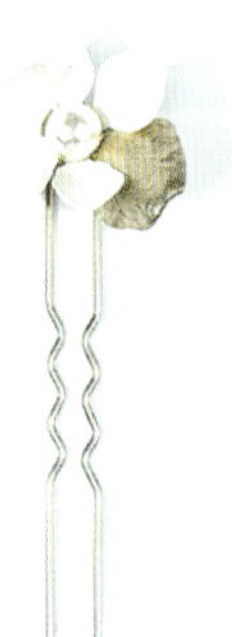		

도 구	명 칭	사용 목적 및 사용 방법

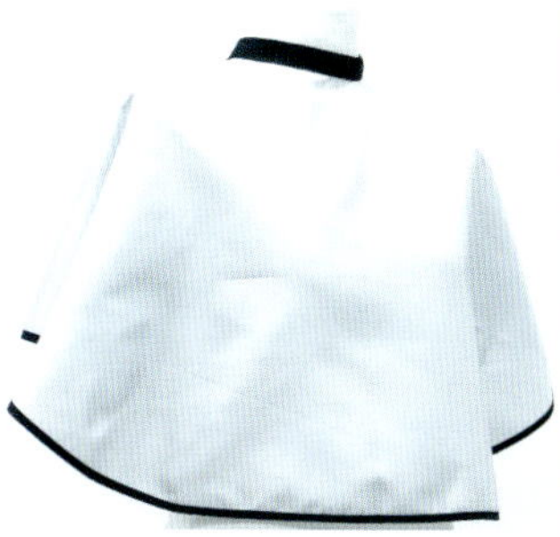		

도 구	명 칭	사용 목적 및 사용 방법

6. 업스타일 시술 시 주의 사항

8. Styling & Up-style에 사용되는 도구와 기구소독 및 제품 관리 방법

1. 도구 및 기구의 소독 방법

2. 제품의 올바른 보관 및 관리 방법

9. 안전하고 위생적인 실습

1. 시술 장소의 안전과 위생을 유지 할 수 있는 방법

2. 시술자의 안전과 위생을 유지 할 수 있는 방법

3. 고객의 안전과 위생을 유지 할 수 있는 방법

Chapter 2

STYLING & UP-STYLE 1

학습목표

작품명	

이미지 사진	시술 후 사진

Styling & Up-style 1 고객 정보 수집하기

성 명 :	시술일자 : 20 년 월 일
고객 이름 :	나이 :

얼굴 형태 분석 □ 계란형 □ 둥근형 □ 장방형 □ 역삼각형
□ 사각형 □ 삼각형 □ 다이아몬드형

두상 형태 분석 □ 탑부분 솟은 형태 □ 탑부분 낮은 형태
□ 측면 들어간 형태 □ 측면 나온 형태

체격 형태 분석 □ 정상체형(균형 있는 체형)
□ 키가 크고 마른체형 □ 키가 크고 통통한 체형
□ 키가 작고 마른체형 □ 키가 작고 통통한 체형

목 길이 분석 □ 긴 목 □ 짧은 목

어깨 분석 □ 넓은 어깨 □ 좁은 어깨

모질 상태 분석
□ 건강모 □ 손상모(염색모) □ 극 손상모 □ 직모 □ 파상모 □ 축모
□ 웨이브 모발 (□ 일반펌, □ 열펌)

가르마 형태 분석
□ 센터 가르마 □ 사이드 가르마 □ 곡선 가르마 □ 지그재그 가르마 □ 무 가르마

거드 헝데 분석 □ 짧은 길이 □ 중간 길이 □ 긴 길이

이미지 분석
□ Natural □ Classic □ Romantic □ Elegance □ Cutty □ Modern □ Sexy

의상 분석
□ 한복 □ 정장 □ 드레스 □ 캐주얼

상담내용 (고객이 원하는 스타일)

시술도구 및 제품

2. Styling & Up-style 1 디자인 분석 및 시술 과정

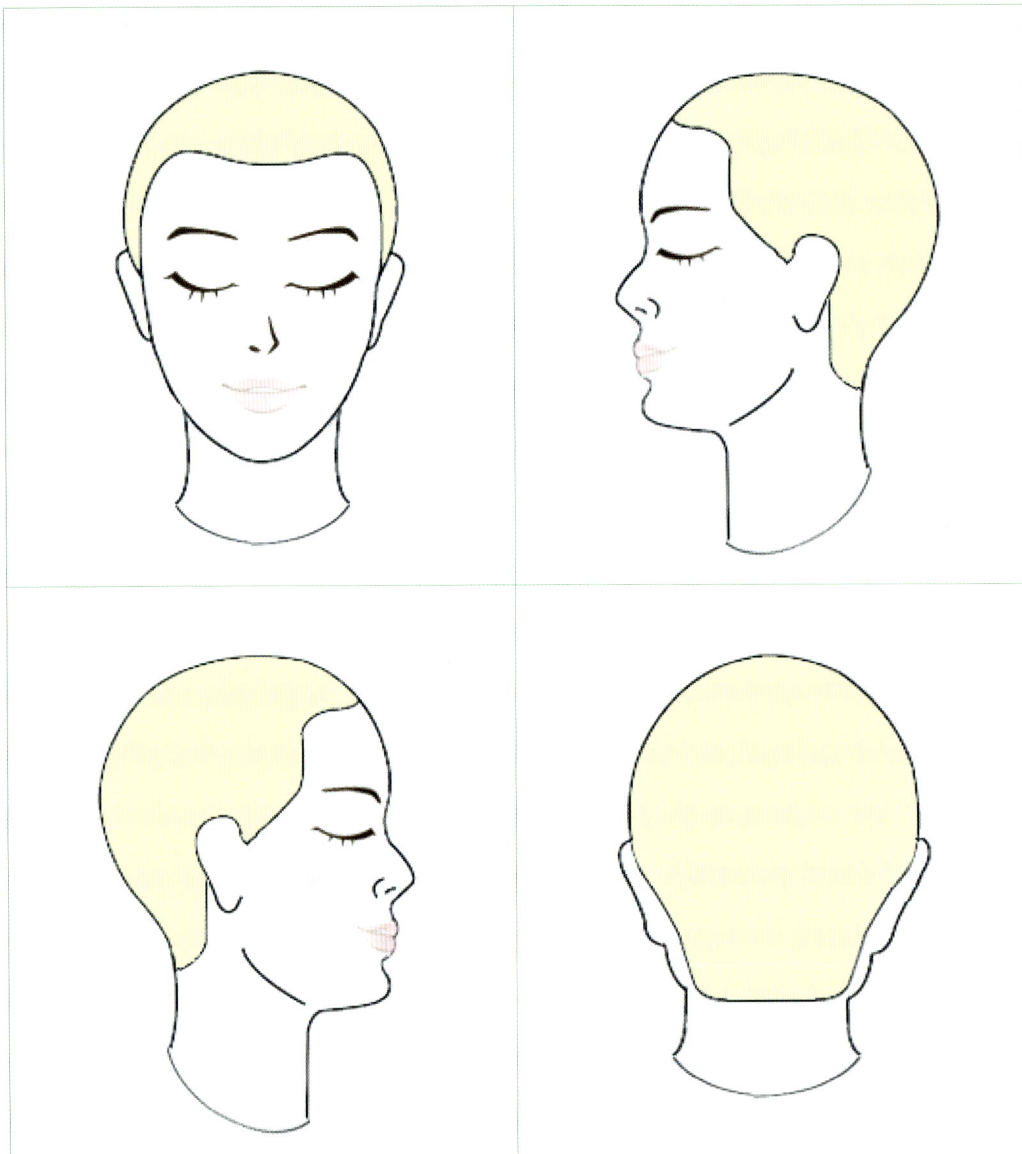

3. Styling & Up-style 1 시술과정

실습 과정 사진		
사진		설명
		• • • • •
		• • • • •
		• • • • •
		• • • • •
		• • • • •

실습완료사진	
앞(Front)	뒤 (Back)
우측(Right side)	좌측(Left side)

단원 평가

Styling & Up-style 1에 대한 장점과 단점, 그리고 느낀 점을 쓰시오.

[장 점]

[단 점]

[느낀 점]

참고 자료(저자, 책명, 출판사, 출판년도)

Chapter 3

STYLING & UP-STYLE 2

학습목표

작품명	

이미지 사진	시술 후 사진

1. Styling & Up-style 2 고객 정보 수집하기

성 명 :	시술일자 : 20 년 월 일
고객 이름 :	나이 :

얼굴 형태 분석 □ 계란형 □ 둥근형 □ 장방형 □ 역삼각형
□ 사각형 □ 삼각형 □ 다이아몬드형

두상 형태 분석 □ 탑부분 솟은 형태 □ 탑부분 낮은 형태
□ 측면 들어간 형태 □ 측면 나온 형태

체격 형태 분석 □ 정상체형(균형 있는 체형)
□ 키가 크고 마른체형 □ 키가 크고 통통한 체형
□ 키가 작고 마른체형 □ 키가 작고 통통한 체형

목 길이 분석 □ 긴 목 □ 짧은 목

어깨 분석 □ 넓은 어깨 □ 좁은 어깨

모질 상태 분석
□ 건강모 □ 손상모(염색모) □ 극 손상모 □ 직모 □ 파상모 □ 축모
□ 웨이브 모발 (□일반펌, □열펌)

가르마 형태 분석
□ 센터 가르마 □ 사이드 가르마 □ 곡선 가르마 □ 지그재그 가르마 □ 무 가르마

커트 형태 분석 □ 짧은 길이 □ 중간 길이 □ 긴 길이

이미지 분석
□ Natural □ Classic □ Romantic □ Elegance □ Cutty □ Modern □ Sexy

의상 분석
□ 한복 □ 정장 □ 드레스 □ 캐주얼

상담내용 (고객이 원하는 스타일)

시술도구 및 제품

Styling & Up-style 2 디자인 분석 및 시술 과정

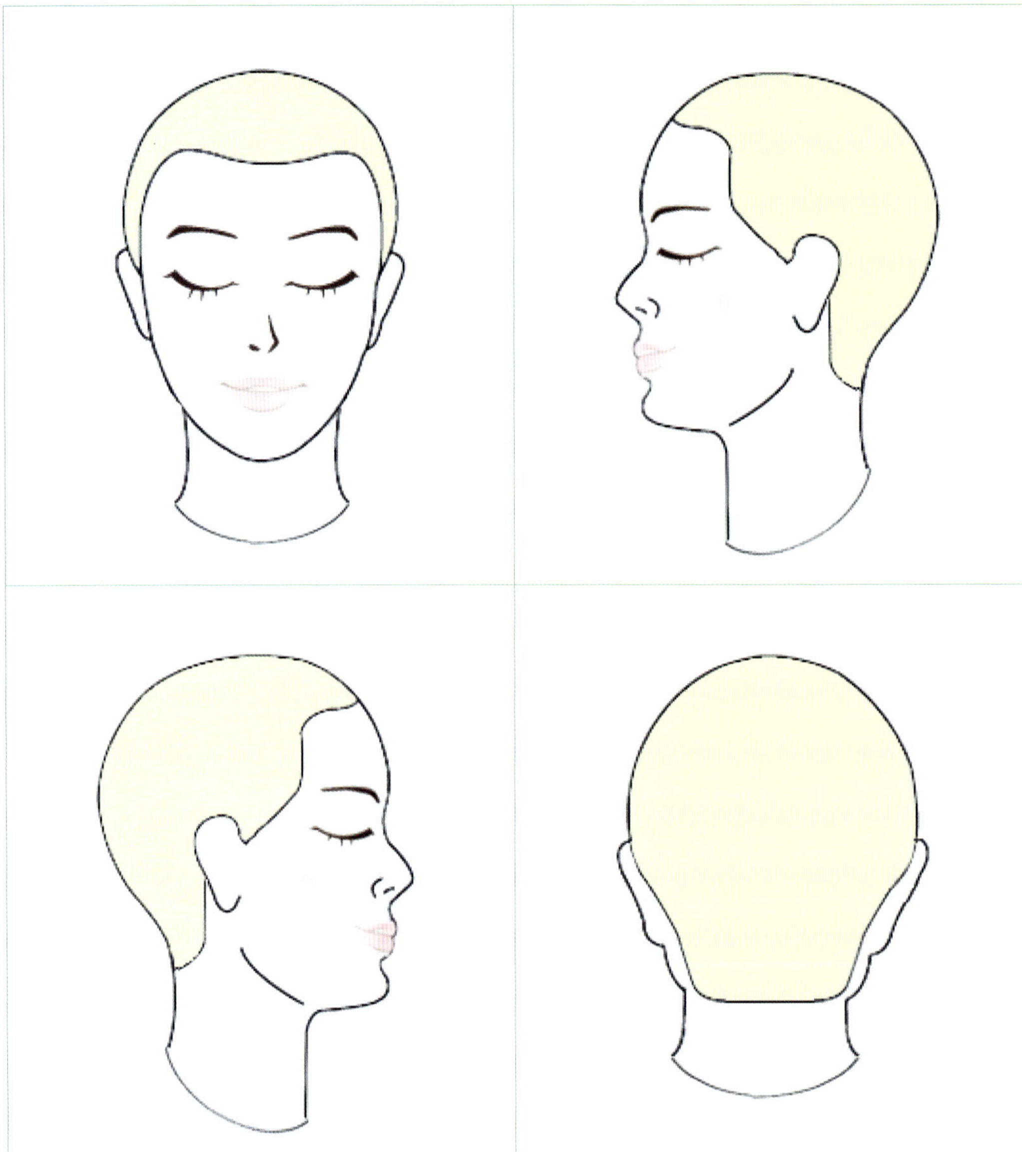

3. Styling & Up-style 2 시술과정

실습 과정 사진		
사진		설명
		• • • • •
		• • • • •
		• • • • •
		• • • • •
		• • • • •

실습완료사진	
앞(Front)	뒤 (Back)
우측(Right side)	좌측(Left side)

단원 평가

Styling & Up-style 2에 대한 장점과 단점, 그리고 느낀 점을 쓰시오.

[장 점]

[단 점]

[느낀 점]

참고 자료(저자, 책명, 출판사, 출판년도)

Chapter 4

STYLING & UP-STYLE 3

학습목표

작품명	

이미지 사진	시술 후 사진

1. Styling & Up-style 3 고객 정보 수집하기

성 명 :	시술일자 : 20 년 월 일
고객 이름 :	나이 :

얼굴 형태 분석 □ 계란형 □ 둥근형 □ 장방형 □ 역삼각형
□ 사각형 □ 삼각형 □ 다이아몬드형

두상 형태 분석 □ 탑부분 솟은 형태 □ 탑부분 낮은 형태
□ 측면 들어간 형태 □ 측면 나온 형태

체격 형태 분석 □ 정상체형(균형 있는 체형)
□ 키가 크고 마른체형 □ 키가 크고 통통한 체형
□ 키가 작고 마른체형 □ 키가 작고 통통한 체형

목 길이 분석 □ 긴 목 □ 짧은 목

어깨 분석 □ 넓은 어깨 □ 좁은 어깨

모질 상태 분석
□ 건강모 □ 손상모(염색모) □ 극 손상모 □ 직모 □ 파상모 □ 축모
□ 웨이브 모발 (□ 일반펌, □ 열펌)

가르마 형태 분석
□ 센터 가르마 □ 사이드 가르마 □ 곡선 가르마 □ 지그재그 가르마 □ 무 가르마

커트 형태 분석 □ 짧은 길이 □ 중간 길이 □ 긴 길이

이미지 분석
□ Natural □ Classic □ Romantic □ Elegance □ Cutty □ Modern □ Sexy

의상 분석
□ 한복 □ 정장 □ 드레스 □ 캐주얼

상담내용 (고객이 원하는 스타일)

시술도구 및 제품

2. Styling & Up-style 3 디자인 분석 및 시술 과정

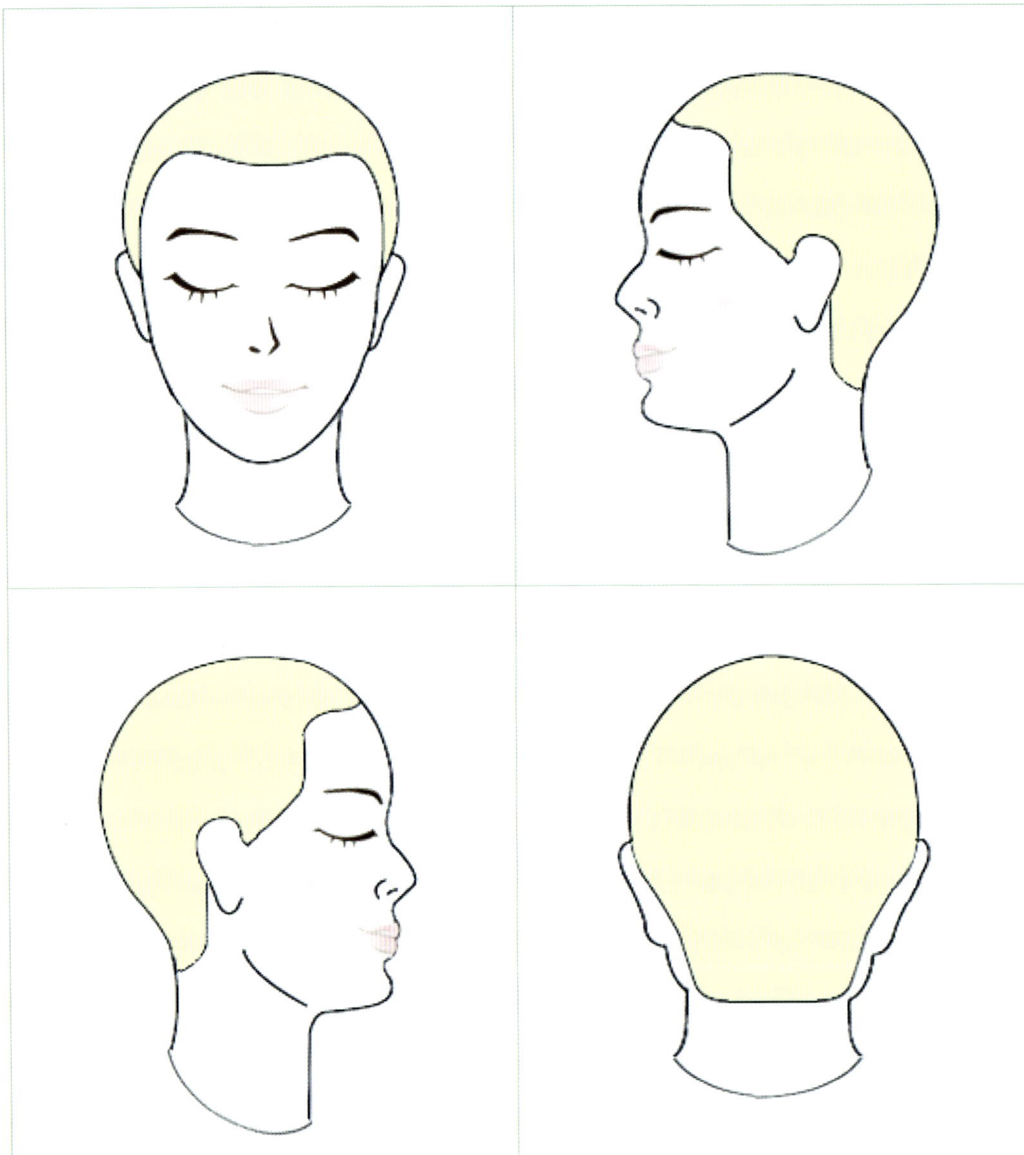

3. Styling & Up-style 3 시술과정

실습 과정 사진		
사진		설명
		• • • • •
		• • • • •
		• • • • •
		• • • • •
		• • • • •

실습완료사진

앞(Front)	뒤 (Back)
우측(Right side)	좌측(Left side)

단원 평가

Styling & Up-style 3에 대한 장점과 단점, 그리고 느낀 점을 쓰시오.

[장 점]

[단 점]

[느낀 점]

참고 자료(저자, 책명, 출판사, 출판년도)

Chapter 5

STYLING & UP-STYLE 4

학습목표

작품명	

이미지 사진	시술 후 사진

1. Styling & Up-style 4 고객 정보 수집하기

성 명 :	시술일자 : 20 년 월 일
고객 이름 :	나이 :

얼굴 형태 분석 □ 계란형 □ 둥근형 □ 장방형 □ 역삼각형
□ 사각형 □ 삼각형 □ 다이아몬드형

두상 형태 분석 □ 탑부분 솟은 형태 □ 탑부분 낮은 형태
□ 측면 들어간 형태 □ 측면 나온 형태

체격 형태 분석 □ 정상체형(균형 있는 체형)
□ 키가 크고 마른체형 □ 키가 크고 통통한 체형
□ 키가 작고 마른체형 □ 키가 작고 통통한 체형

목 길이 분석 □ 긴 목 □ 짧은 목

어깨 분석 □ 넓은 어깨 □ 좁은 어깨

모질 상태 분석
□ 건강모 □ 손상모(염색모) □ 극 손상모 □ 직모 □ 파상모 □ 축모
□ 웨이브 모발 (□ 일반펌, □ 열펌)

가르마 형태 분석
□ 센터 가르마 □ 사이드 가르마 □ 곡선 가르마 □ 지그재그 가르마 □ 무 가르마

커트 형태 분석 □ 짧은 길이 □ 중간 길이 □ 긴 길이

이미지 분석
□ Natural □ Classic □ Romantic □ Elegance □ Cutty □ Modern □ Sexy

의상 분석
□ 한복 □ 정장 □ 드레스 □ 캐주얼

상담내용 (고객이 원하는 스타일)

시술도구 및 제품

2. Styling & Up-style 4 디자인 분석 및 시술 과정

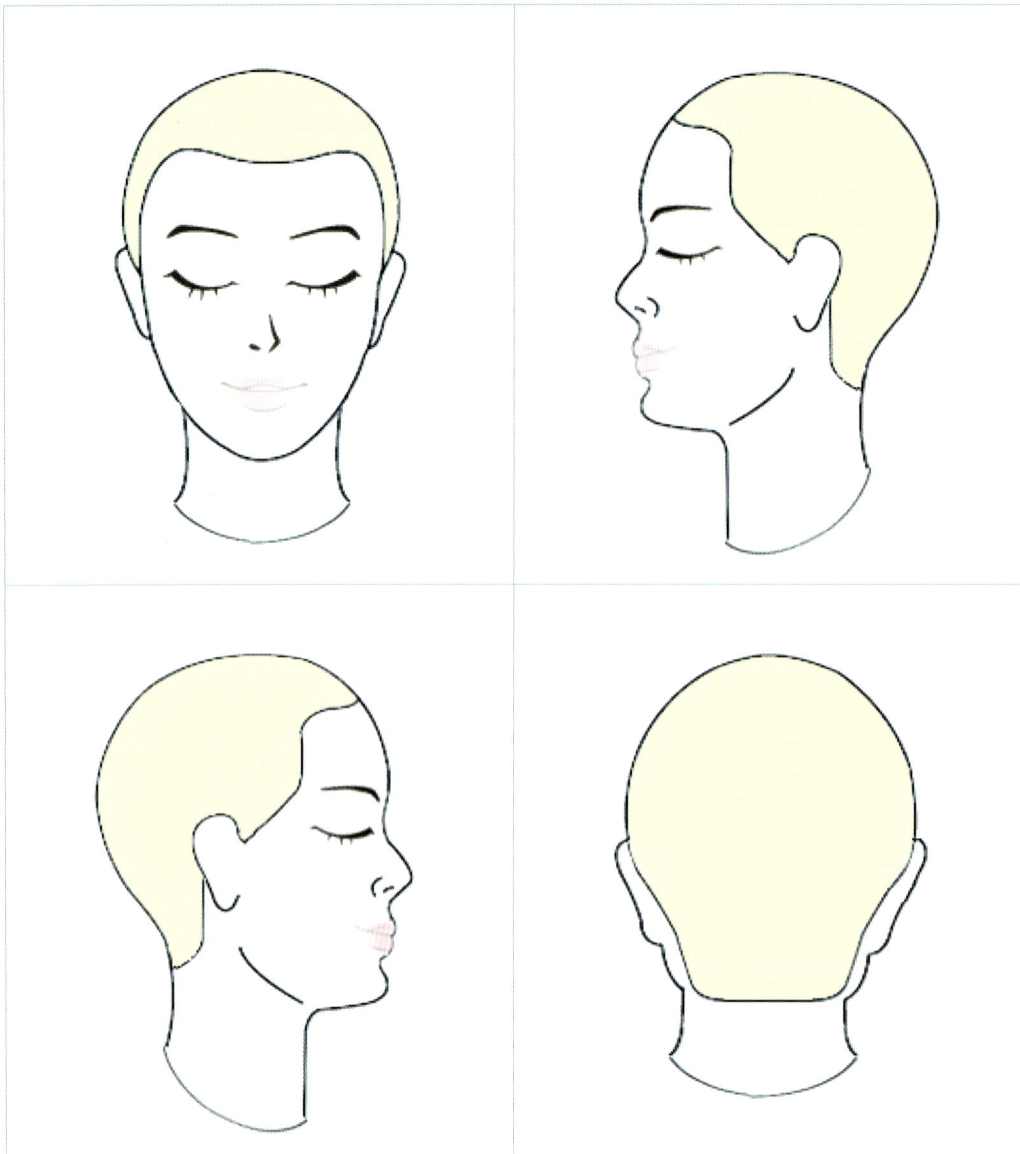

3. Styling & Up-style 4 시술과정

실습 과정 사진		
사진		설명
		• • • • •
		• • • • •
		• • • • •
		• • • • •
		• • • • •

실습완료사진

앞(Front)	뒤 (Back)
우측(Right side)	좌측(Left side)

단원 평가

Styling & Up-style 4에 대한 장점과 단점, 그리고 느낀 점을 쓰시오.

[장 점]

[단 점]

[느낀 점]

참고 자료(저자, 책명, 출판사, 출판년도)

Chapter 6

STYLING & UP-STYLE 5

학습목표

작품명	

이미지 사진	시술 후 사진

1. Styling & Up-style 5 고객 정보 수집하기

성 명 :	시술일자 : 20 년 월 일
고객 이름 :	나이 :

얼굴 형태 분석 □ 계란형 □ 둥근형 □ 장방형 □ 역삼각형
□ 사각형 □ 삼각형 □ 다이아몬드형

두상 형태 분석 □ 탑부분 솟은 형태 □ 탑부분 낮은 형태
□ 측면 들어간 형태 □ 측면 나온 형태

체격 형태 분석 □ 정상체형(균형 있는 체형)
□ 키가 크고 마른체형 □ 키가 크고 통통한 체형
□ 키가 작고 마른체형 □ 키가 작고 통통한 체형

목 길이 분석 □ 긴 목 □ 짧은 목

어깨 분석 □ 넓은 어깨 □ 좁은 어깨

모질 상태 분석
□ 건강모 □ 손상모(염색모) □ 극 손상모 □ 직모 □ 파상모 □ 축모
□ 웨이브 모빌 (□ 일반펌, □ 열펌)

가르마 형태 분석
□ 센터 가르마 □ 사이드 가르마 □ 곡선 가르마 □ 지그재그 가르마 □ 무 가르마

커트 형태 분석 □ 짧은 길이 □ 중간 길이 □ 긴 길이

이미지 분석
□ Natural □ Classic □ Romantic □ Elegance □ Cutty □ Modern □ Sexy

의상 분석
□ 한복 □ 정장 □ 드레스 □ 캐주얼

상담내용 (고객이 원하는 스타일)

시술도구 및 제품

2. Styling & Up-style 5 디자인 분석 및 시술 과정

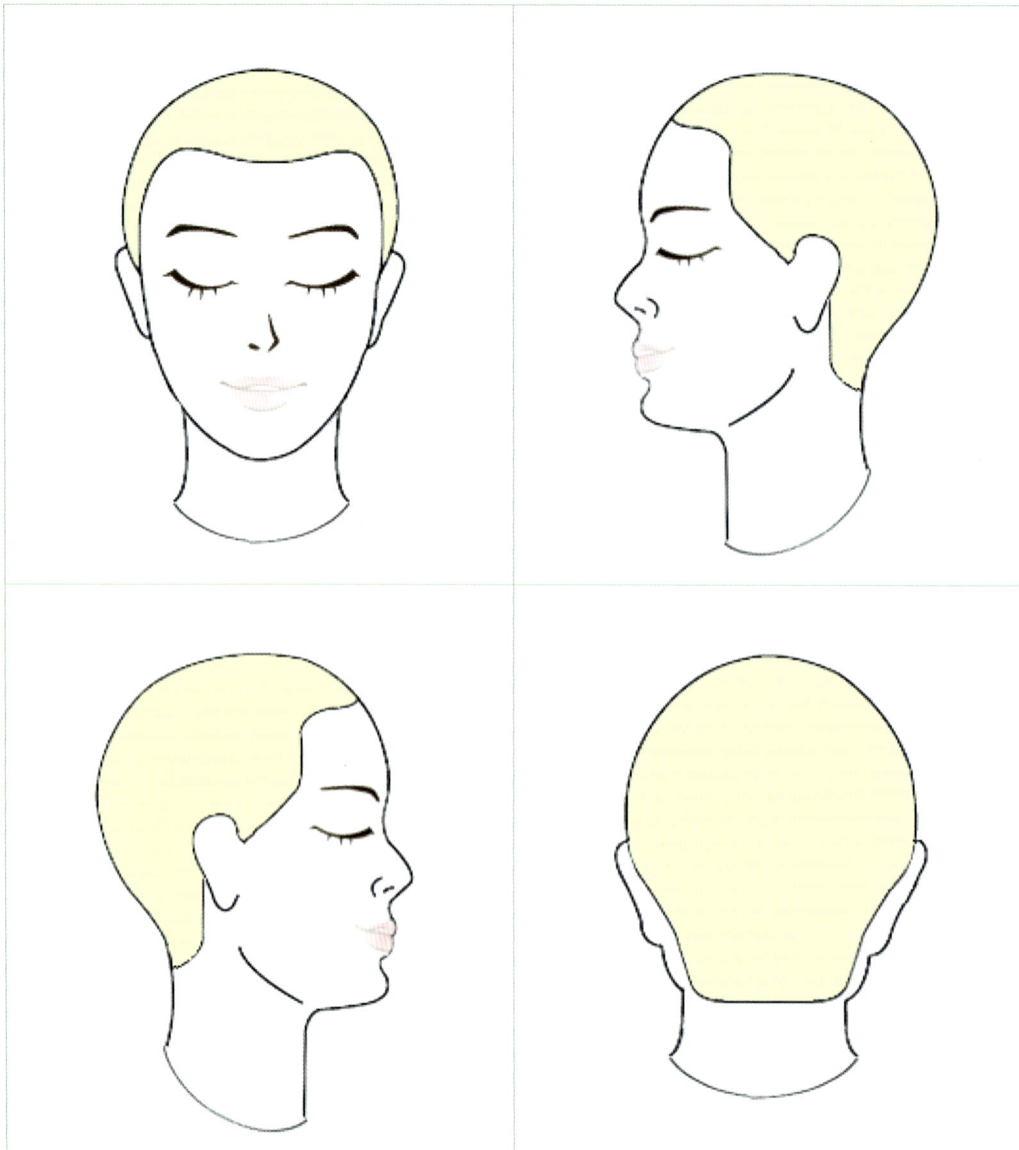

3. Styling & Up-style 5 시술과정

실습 과정 사진		
사진		설명
		• • • • •
		• • • • •
		• • • • •
		• • • • •
		• • • • •

실습완료사진	
앞(Front)	뒤 (Back)
우측(Right side)	좌측(Left side)

단원 평가

Styling & Up-style 5에 대한 장점과 단점, 그리고 느낀 점을 쓰시오.

[장 점]

[단 점]

[느낀 점]

참고 자료(저자, 책명, 출판사, 출판년도)

Chapter 7

STYLING & UP-STYLE 6

학습목표

작품명	

이미지 사진	시술 후 사진

1. Styling & Up-style 6 고객 정보 수집하기

성 명 :	시술일자 : 20 년 월 일
고객 이름 :	나이 :

얼굴 형태 분석 □ 계란형 □ 둥근형 □ 장방형 □ 역삼각형
□ 사각형 □ 삼각형 □ 다이아몬드형

두상 형태 분석 □ 탑부분 솟은 형태 □ 탑부분 낮은 형태
□ 측면 들어간 형태 □ 측면 나온 형태

체격 형태 분석 □ 정상체형(균형 있는 체형)
□ 키가 크고 마른체형 □ 키가 크고 통통한 체형
□ 키가 작고 마른체형 □ 키가 작고 통통한 체형

목 길이 분석 □ 긴 목 □ 짧은 목

어깨 분석 □ 넓은 어깨 □ 좁은 어깨

모질 상태 분석
□ 건강모 □ 손상모(염색모) □ 극 손상모 □ 직모 □ 파상모 □ 축모
□ 웨이브 모발 (□ 일반펌, □ 열펌)

가르마 형태 분석
□ 센터 가르마 □ 사이드 가르마 □ 곡선 가르마 □ 지그재그 가르마 □ 무 가르마

커트 형태 분석 □ 짧은 길이 □ 중간 길이 □ 긴 길이

이미지 분석
□ Natural □ Classic □ Romantic □ Elegance □ Cutty □ Modern □ Sexy

의상 분석
□ 한복 □ 정장 □ 드레스 □ 캐주얼

상담내용 (고객이 원하는 스타일)

시술도구 및 제품

2. Styling & Up-style 6 디자인 분석 및 시술 과정

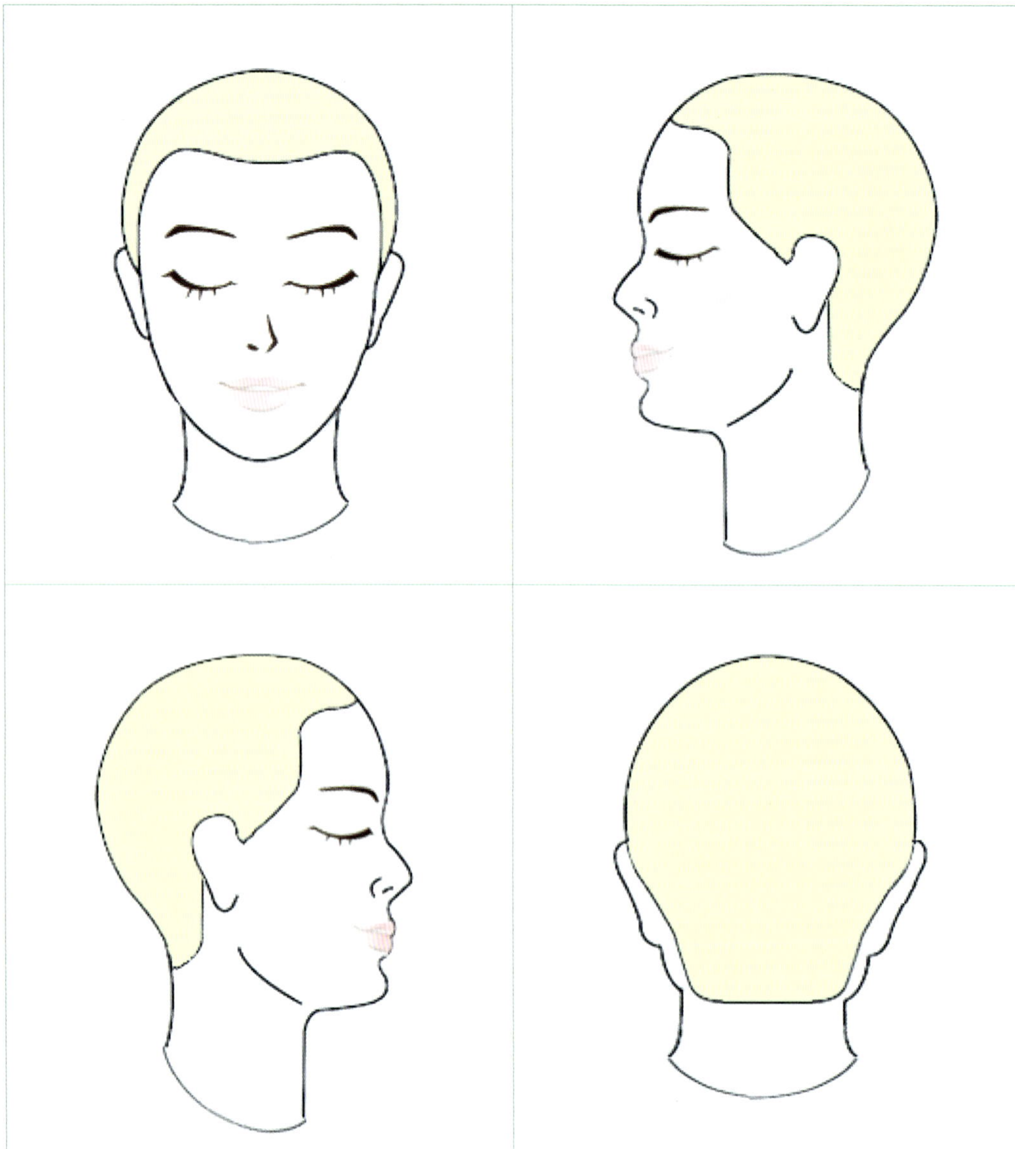

3. Styling & Up-style 6 시술과정

실습 과정 사진		
사진		설명
		• • • • •
		• • • • •
		• • • • •
		• • • • •
		• • • • •

<table>
<tr><th colspan="2">실습완료사진</th></tr>
<tr><td></td><td></td></tr>
<tr><td>앞(Front)</td><td>뒤 (Back)</td></tr>
<tr><td></td><td></td></tr>
<tr><td>우측(Right side)</td><td>좌측(Left side)</td></tr>
</table>

단원 평가

Styling & Up-style 6에 대한 장점과 단점, 그리고 느낀 점을 쓰시오.

[장 점]

[단 점]

[느낀 점]

참고 자료(저자, 책명, 출판사, 출판년도)

Chapter 8

STYLING & UP-STYLE 7

학습목표

작품명	

이미지 사진	시술 후 사진

1. Styling & Up-style 7 고객 정보 수집하기

성 명 :	시술일자 : 20 년 월 일
고객 이름 :	나이 :

얼굴 형태 분석 □ 계란형 □ 둥근형 □ 장방형 □ 역삼각형
□ 사각형 □ 삼각형 □ 다이아몬드형

두상 형태 분석 □ 탑부분 솟은 형태 □ 탑부분 낮은 형태
□ 측면 들어간 형태 □ 측면 나온 형태

체격 형태 분석 □ 정상체형(균형 있는 체형)
□ 키가 크고 마른체형 □ 키가 크고 통통한 체형
□ 키가 작고 마른체형 □ 키가 작고 통통한 체형

목 길이 분석 □ 긴 목 □ 짧은 목

어깨 분석 □ 넓은 어깨 □ 좁은 어깨

모질 상태 분석
□ 건강모 □ 손상모(염색모) □ 극 손상모 □ 직모 □ 파상모 □ 축모
□ 웨이브 모발 (□ 일반펌, □ 열펌)

가르마 형태 분석
□ 센터 가르마 □ 사이드 가르마 □ 곡선 가르마 □ 지그재그 가르마 □ 무 가르마

커트 형태 분석 □ 짧은 길이 □ 중간 길이 □ 긴 길이

이미지 분석
□ Natural □ Classic □ Romantic □ Elegance □ Cutty □ Modern □ Sexy

의상 분석
□ 한복 □ 정장 □ 드레스 □ 캐주얼

상담내용 (고객이 원하는 스타일)

시술도구 및 제품

2. Styling & Up-style 7 디자인 분석 및 시술 과정

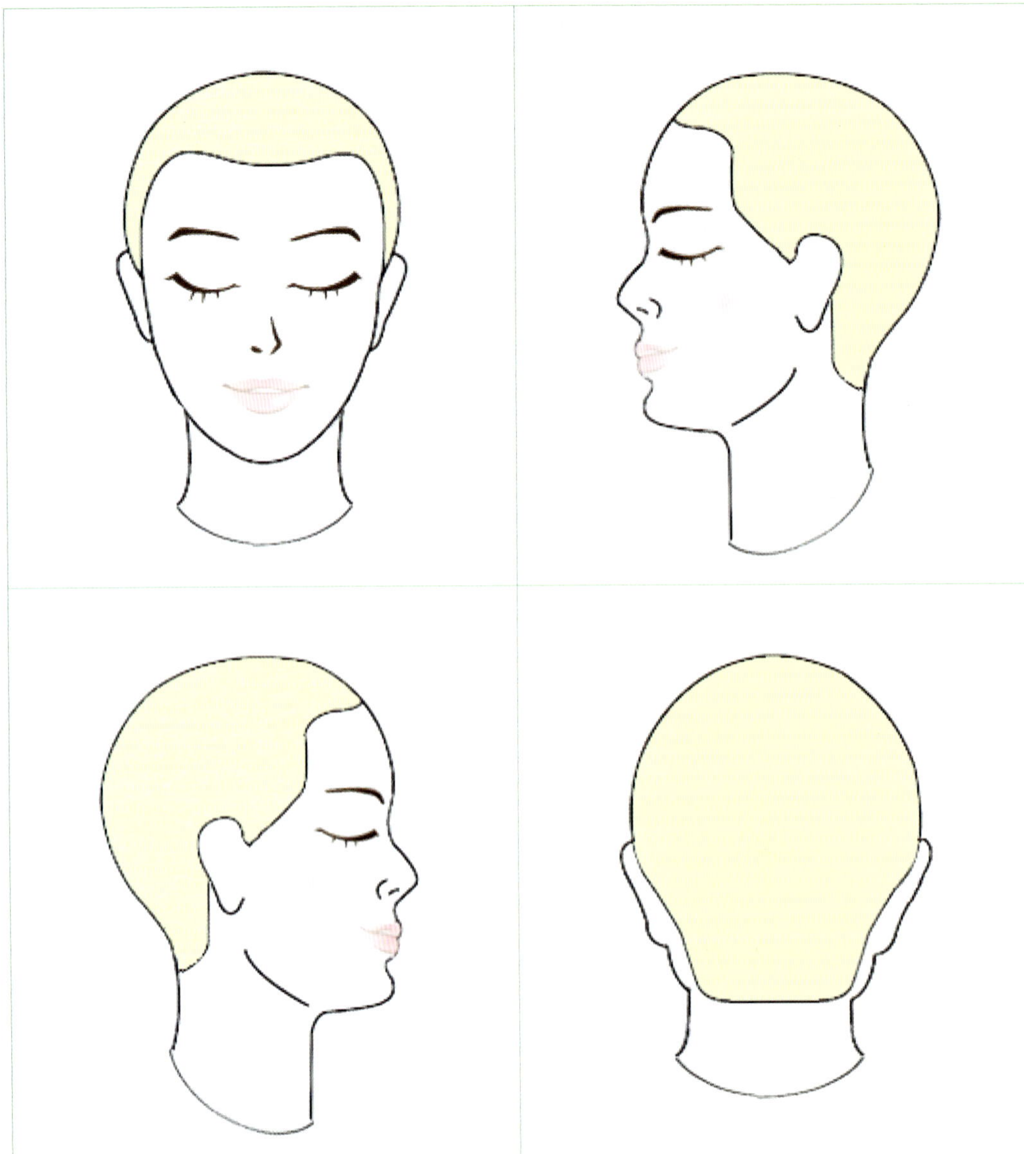

3. Styling & Up-style 7 시술과정

실습 과정 사진		
사진		설명
		• • • • •
		• • • • •
		• • • • •
		• • • • •
		• • • • •

실습완료사진	
앞(Front)	뒤 (Back)
우측(Right side)	좌측(Left side)

단원 평가

Styling & Up-style 7에 대한 장점과 단점, 그리고 느낀 점을 쓰시오.

[장 점]

[단 점]

[느낀 점]

참고 자료(저자, 책명, 출판사, 출판년도)

Chapter 9

STYLING & UP-STYLE 8

학습목표

작품명	

이미지 사진	시술 후 사진

1. Styling & Up-style 8 고객 정보 수집하기

성　명 :	시술일자 : 20　　년　　월　　일
고객 이름 :	나이 :
얼굴 형태 분석 □ 계란형　□ 둥근형　□ 장방형　□ 역삼각형 □ 사각형　□ 삼각형　□ 다이아몬드형 두상 형태 분석 □ 탑부분 솟은 형태　□ 탑부분 낮은 형태 □ 측면 들어간 형태　□ 측면 나온 형태 체격 형태 분석 □ 정상체형(균형 있는 체형) □ 키가 크고 마른체형　□ 키가 크고 통통한 체형 □ 키가 작고 마른체형　□ 키가 작고 통통한 체형 목 길이 분석 □ 긴 목　□ 짧은 목 어깨 분석 □ 넓은 어깨　□ 좁은 어깨	
모질 상태 분석 □ 건강모　□ 손상모(염색모)　□ 극 손상모　□ 직모　□ 파상모　□ 축모 □ 웨이브 모발 (□ 일반펌, □ 열펌) 가르마 형태 분석 □ 센터 가르마　□ 사이드 가르마　□ 곡선 가르마　□ 지그재그 가르마　□ 무 가르마 커트 형태 분석 □ 짧은 길이　□ 중간 길이　□ 긴 길이	
이미지 분석 □ Natural □ Classic □ Romantic □ Elegance □ Cutty □ Modern □ Sexy 의상 분석 □ 한복　□ 정장　□ 드레스　□ 캐주얼	
상담내용 (고객이 원하는 스타일)	
시술도구 및 제품	

2. Styling & Up-style 8 디자인 분석 및 시술 과정

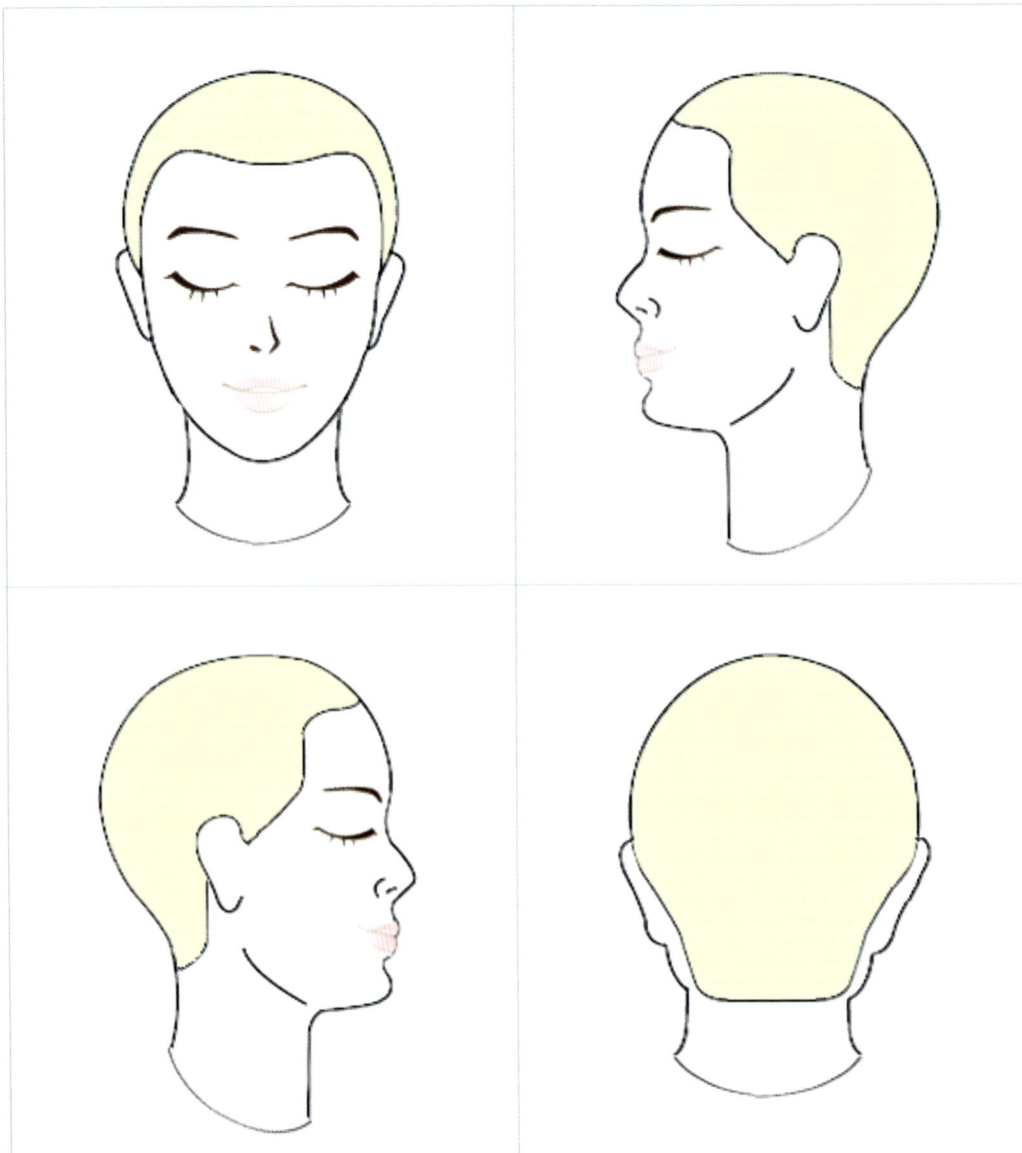

3. Styling & Up-style 8 시술과정

실습 과정 사진		
사진		설명
		• • • • •
		• • • • •
		• • • • •
		• • • • •
		• • • • •

실습완료사진	
앞(Front)	뒤 (Back)
우측(Right side)	좌측(Left side)

단원 평가

Styling & Up-style 8에 대한 장점과 단점, 그리고 느낀 점을 쓰시오.

[장 점]

[단 점]

[느낀 점]

참고 자료(저자, 책명, 출판사, 출판년도)

Chapter 10

STYLING & UP-STYLE 9

학습목표

작품명	

이미지 사진	시술 후 사진

1. Styling & Up-style 9 고객 정보 수집하기

성 명 :	시술일자 : 20 년 월 일
고객 이름 :	나이 :

얼굴 형태 분석 □ 계란형 □ 둥근형 □ 장방형 □ 역삼각형
□ 사각형 □ 삼각형 □ 다이아몬드형

두상 형태 분석 □ 탑부분 솟은 형태 □ 탑부분 낮은 형태
□ 측면 들어간 형태 □ 측면 나온 형태

체격 형태 분석 □ 정상체형(균형 있는 체형)
□ 키가 크고 마른체형 □ 키가 크고 통통한 체형
□ 키가 작고 마른체형 □ 키가 작고 통통한 체형

목 길이 분석 □ 긴 목 □ 짧은 목

어깨 분석 □ 넓은 어깨 □ 좁은 어깨

모질 상태 분석
□ 건강모 □ 손상모(염색모) □ 극 손상모 □ 직모 □ 파상모 □ 축모
□ 웨이브 모발 (□ 일반펌, □ 열펌)

가르마 형태 분석
□ 센터 가르마 □ 사이드 가르마 □ 곡선 가르마 □ 지그재그 가르마 □ 무 가르마

커트 형태 분석 □ 짧은 길이 □ 중간 길이 □ 긴 길이

이미지 분석
□ Natural □ Classic □ Romantic □ Elegance □ Cutty □ Modern □ Sexy

의상 분석
□ 한복 □ 정장 □ 드레스 □ 캐주얼

상담내용 (고객이 원하는 스타일)

시술도구 및 제품

2. Styling & Up-style 9 디자인 분석 및 시술 과정

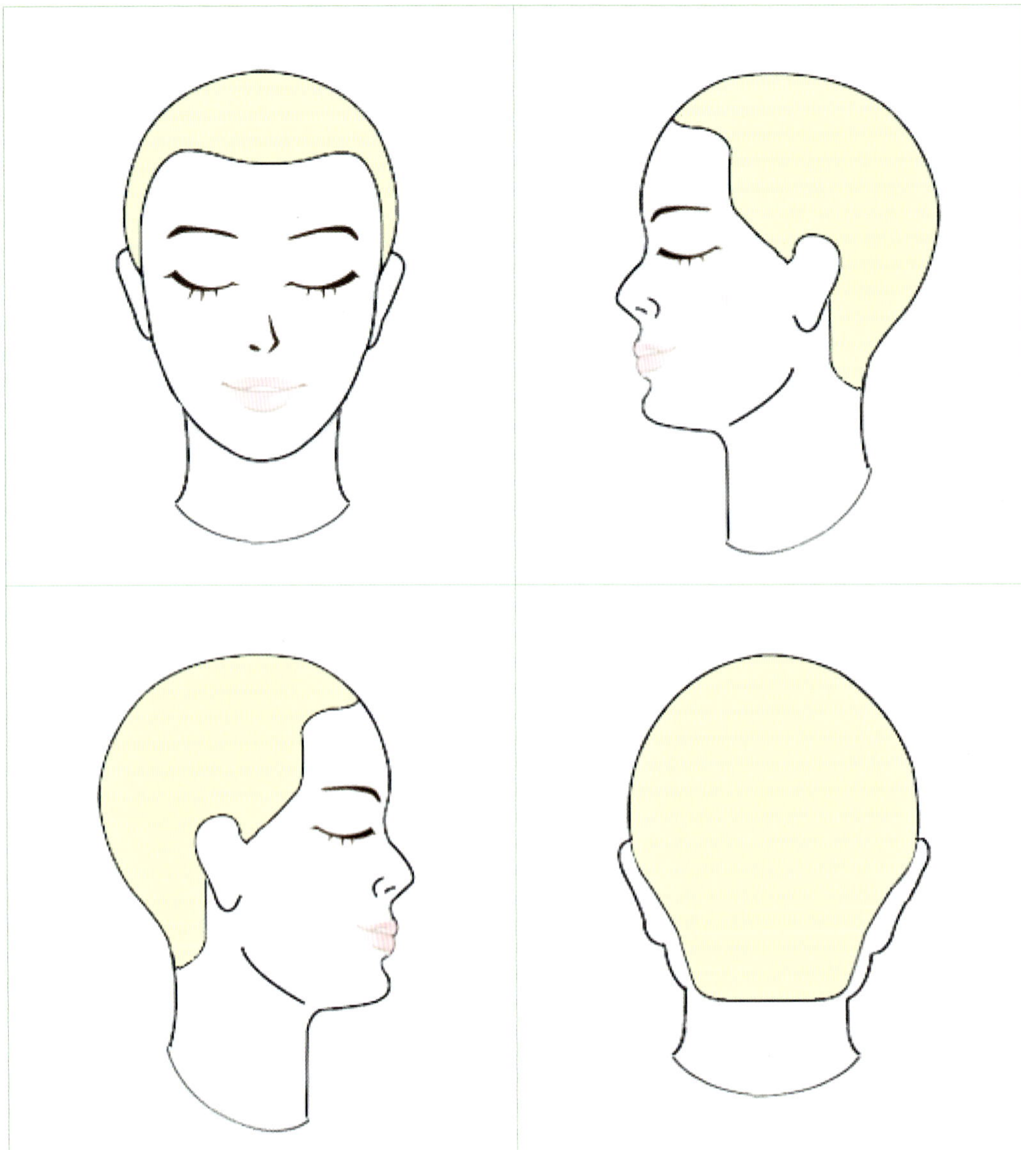

3. Styling & Up-style 9 시술과정

실습 과정 사진		
사진		설명
		• • • • •
		• • • • •
		• • • • •
		• • • • •
		• • • • •

실습완료사진	
앞(Front)	뒤 (Back)
우측(Right side)	좌측(Left side)

단원 평가

Styling & Up-style 9에 대한 장점과 단점, 그리고 느낀 점을 쓰시오.

[장 점]

....

....

....

....

....

[단 점]

....

....

....

....

....

[느낀 점]

....

....

....

....

참고 자료(저자, 책명, 출판사, 출판년도)

....

....

....

....

Chapter 11

STYLING & UP-STYLE 10

학습목표

작품명	

이미지 사진	시술 후 사진

1. Styling & Up-style 10 고객 정보 수집하기

성 명 :	시술일자 : 20 년 월 일
고객 이름 :	나이 :

얼굴 형태 분석 □ 계란형 □ 둥근형 □ 장방형 □ 역삼각형
□ 사각형 □ 삼각형 □ 다이아몬드형

두상 형태 분석 □ 탑부분 솟은 형태 □ 탑부분 낮은 형태
□ 측면 들어간 형태 □ 측면 나온 형태

체격 형태 분석 □ 정상체형(균형 있는 체형)
□ 키가 크고 마른체형 □ 키가 크고 통통한 체형
□ 키가 작고 마른체형 □ 키가 작고 통통한 체형

목 길이 분석 □ 긴 목 □ 짧은 목

어깨 분석 □ 넓은 어깨 □ 좁은 어깨

모질 상태 분석
□ 건강모 □ 손상모(염색모) □ 극 손상모 □ 직모 □ 파상모 □ 축모
□ 웨이브 모발 (□ 일반펌, □ 열펌)

가르마 형태 분석
□ 센터 가르마 □ 사이드 가르마 □ 곡선 가르마 □ 지그재그 가르마 □ 무 가르마

커트 형태 분석 □ 짧은 길이 □ 중간 길이 □ 긴 길이

이미지 분석
□ Natural □ Classic □ Romantic □ Elegance □ Cutty □ Modern □ Sexy

의상 분석
□ 한복 □ 정장 □ 드레스 □ 캐주얼

상담내용 (고객이 원하는 스타일)

시술도구 및 제품

2. Styling & Up-style 10 디자인 분석 및 시술 과정

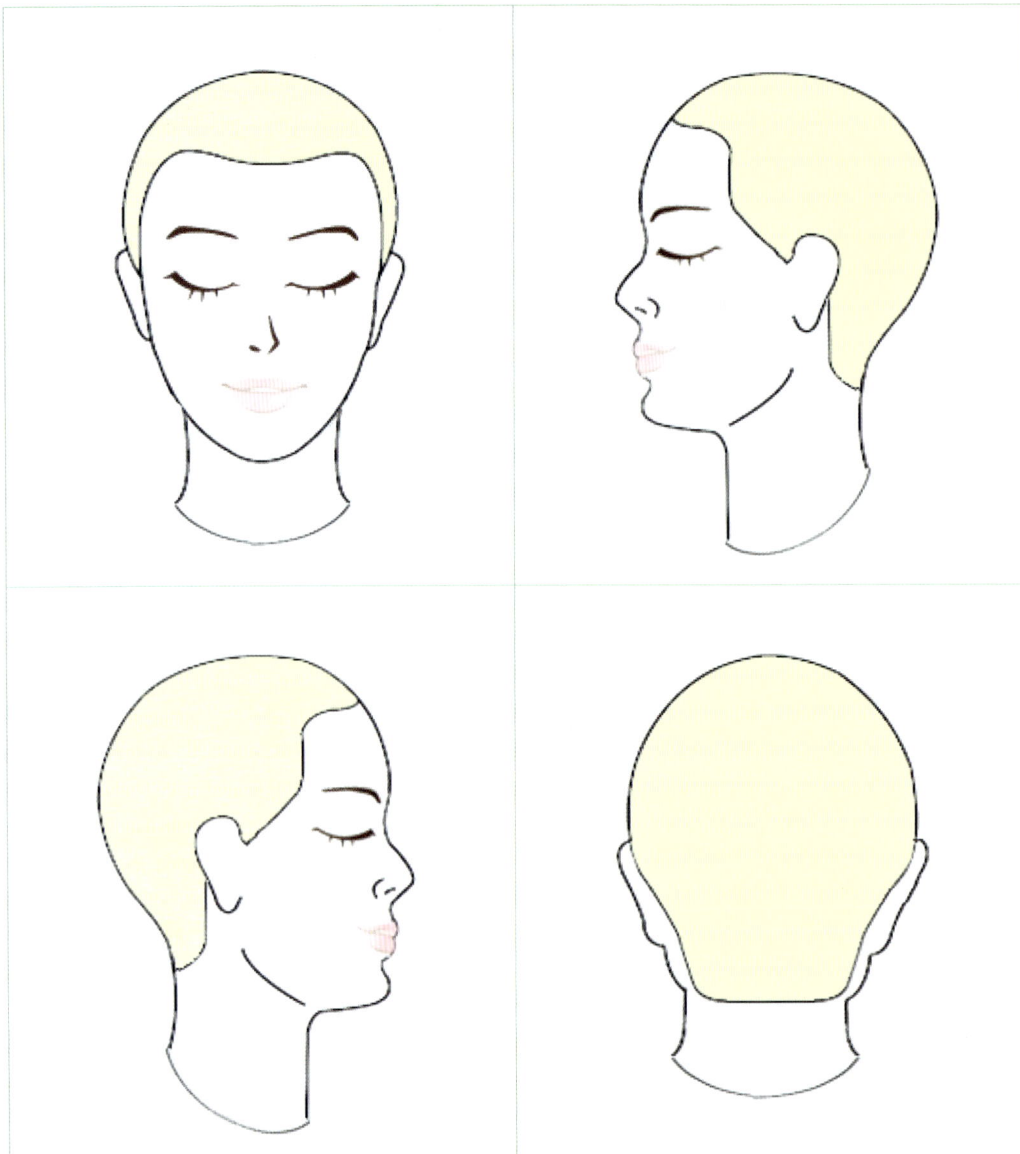

3. Styling & Up-style 10 시술과정

실습 과정 사진		
사진		설명
		• • • • •
		• • • • •
		• • • • •
		• • • • •
		• • • • •

실습완료사진

앞(Front)	뒤 (Back)
우측(Right side)	좌측(Left side)

단원 평가

Styling & Up-style 10에 대한 장점과 단점, 그리고 느낀 점을 쓰시오.

[장 점]

[단 점]

[느낀 점]

참고 자료(저자, 책명, 출판사, 출판년도)

Chapter 12

STYLING & UP-STYLE 11

학습목표

작품명	

이미지 사진	시술 후 사진

1. Styling & Up-style 11 고객 정보 수집하기

성　명 :	시술일자 : 20　　년　　월　　일
고객 이름 :	나이 :

얼굴 형태 분석 ◻ 계란형 ◻ 둥근형 ◻ 장방형 ◻ 역삼각형
◻ 사각형 ◻ 삼각형 ◻ 다이아몬드형

두상 형태 분석 ◻ 탑부분 솟은 형태 ◻ 탑부분 낮은 형태
◻ 측면 들어간 형태 ◻ 측면 나온 형태

체격 형태 분석 ◻ 정상체형(균형 있는 체형)
◻ 키가 크고 마른체형 ◻ 키가 크고 통통한 체형
◻ 키가 작고 마른체형 ◻ 키가 작고 통통한 체형

목 길이 분석 ◻ 긴 목 ◻ 짧은 목

어깨 분석 ◻ 넓은 어깨 ◻ 좁은 어깨

모질 상태 분석
◻ 건강모 ◻ 손상모(염색모) ◻ 극 손상모 ◻ 직모 ◻ 파상모 ◻ 축모
◻ 웨이브 모발 (◻일반펌, ◻열펌)

가르마 형태 분석
◻ 센터 가르마 ◻ 사이드 가르마 ◻ 곡선 가르마 ◻ 지그재그 가르마 ◻ 무 가르마

커트 형태 분석 ◻ 짧은 길이 ◻ 중간 길이 ◻ 긴 길이

이미지 분석
◻ Natural ◻ Classic ◻ Romantic ◻ Elegance ◻ Cutty ◻ Modern ◻ Sexy

의상 분석
◻ 한복 ◻ 정장 ◻ 드레스 ◻ 캐주얼

상담내용 (고객이 원하는 스타일)

시술도구 및 제품

2. Styling & Up-style 11 디자인 분석 및 시술 과정

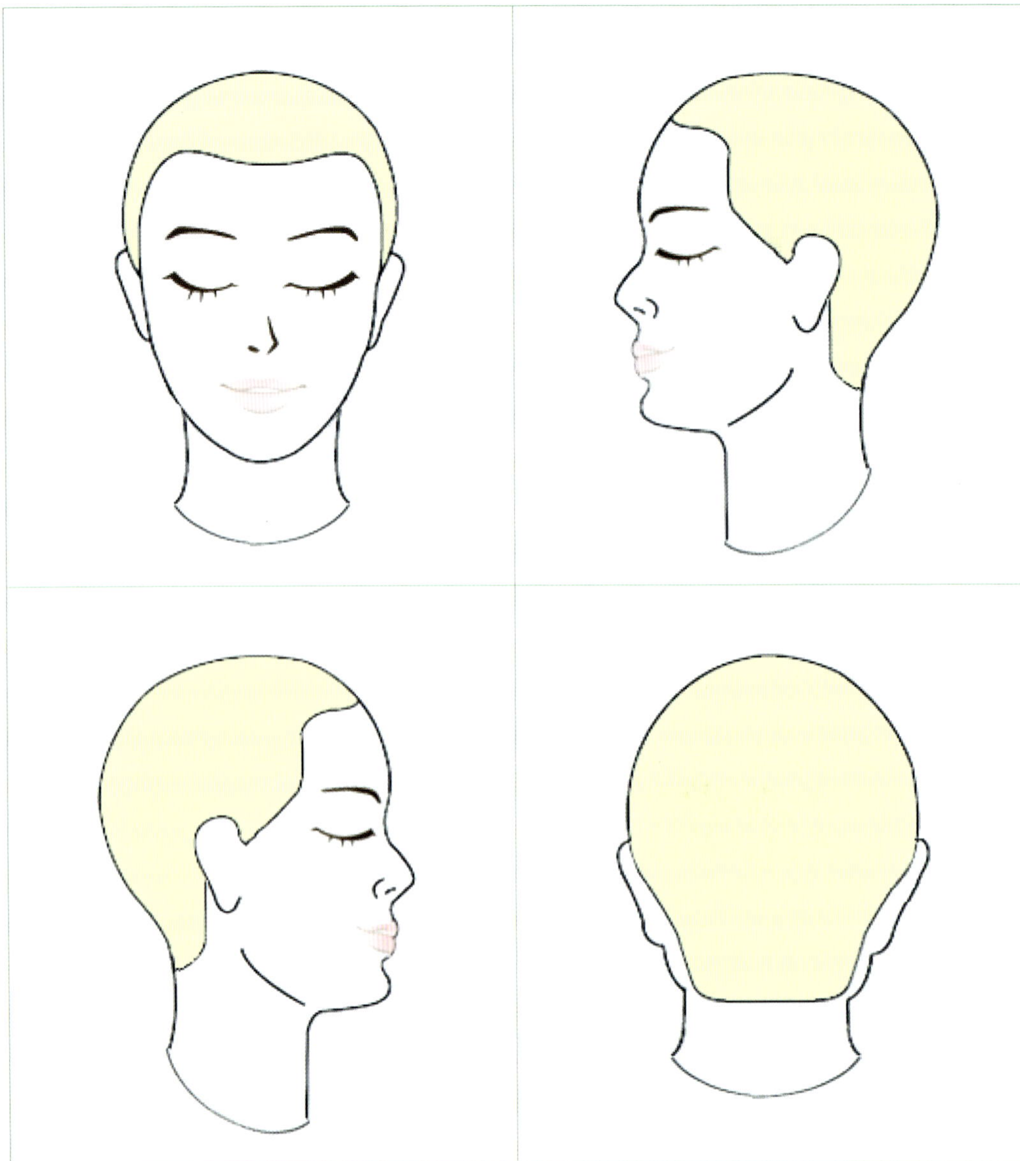

3. Styling & Up-style 11 시술과정

실습 과정 사진		
사진		설명
		• • • • •
		• • • • •
		• • • • •
		• • • • •
		• • • • •

실습완료사진	
앞(Front)	뒤 (Back)
우측(Right side)	좌측(Left side)

단원 평가

Styling & Up-style 11에 대한 장점과 단점, 그리고 느낀 점을 쓰시오.

[장 점]

[단 점]

[느낀 점]

참고 자료(저자, 책명, 출판사, 출판년도)

Chapter 13

STYLING & UP-STYLE 12

학습목표

작품명	

이미지 사진	시술 후 사진

1. Styling & Up-style 12 고객 정보 수집하기

성 명 :	시술일자 : 20 년 월 일
고객 이름 :	나이 :

얼굴 형태 분석 □ 계란형 □ 둥근형 □ 장방형 □ 역삼각형
□ 사각형 □ 삼각형 □ 다이아몬드형

두상 형태 분석 □ 탑부분 솟은 형태 □ 탑부분 낮은 형태
□ 측면 들어간 형태 □ 측면 나온 형태

체격 형태 분석 □ 정상체형(균형 있는 체형)
□ 키가 크고 마른체형 □ 키가 크고 통통한 체형
□ 키가 작고 마른체형 □ 키가 작고 통통한 체형

목 길이 분석 □ 긴 목 □ 짧은 목

어깨 분석 □ 넓은 어깨 □ 좁은 어깨

모질 상태 분석
□ 건강모 □ 손상모(염색모) □ 극 손상모 □ 직모 □ 파상모 □ 축모
□ 웨이브 모발 (□ 일반펌, □ 열펌)

가르마 형태 분석
□ 센터 가르마 □ 사이드 가르마 □ 곡선 가르마 □ 지그재그 가르마 □ 무 가르마

커트 형태 분석 □ 짧은 길이 □ 중간 길이 □ 긴 길이

이미지 분석
□ Natural □ Classic □ Romantic □ Elegance □ Cutty □ Modern □ Sexy

의상 분석
□ 한복 □ 정장 □ 드레스 □ 캐주얼

상담내용 (고객이 원하는 스타일)

시술도구 및 제품

Styling & Up-style 12 디자인 분석 및 시술 과정

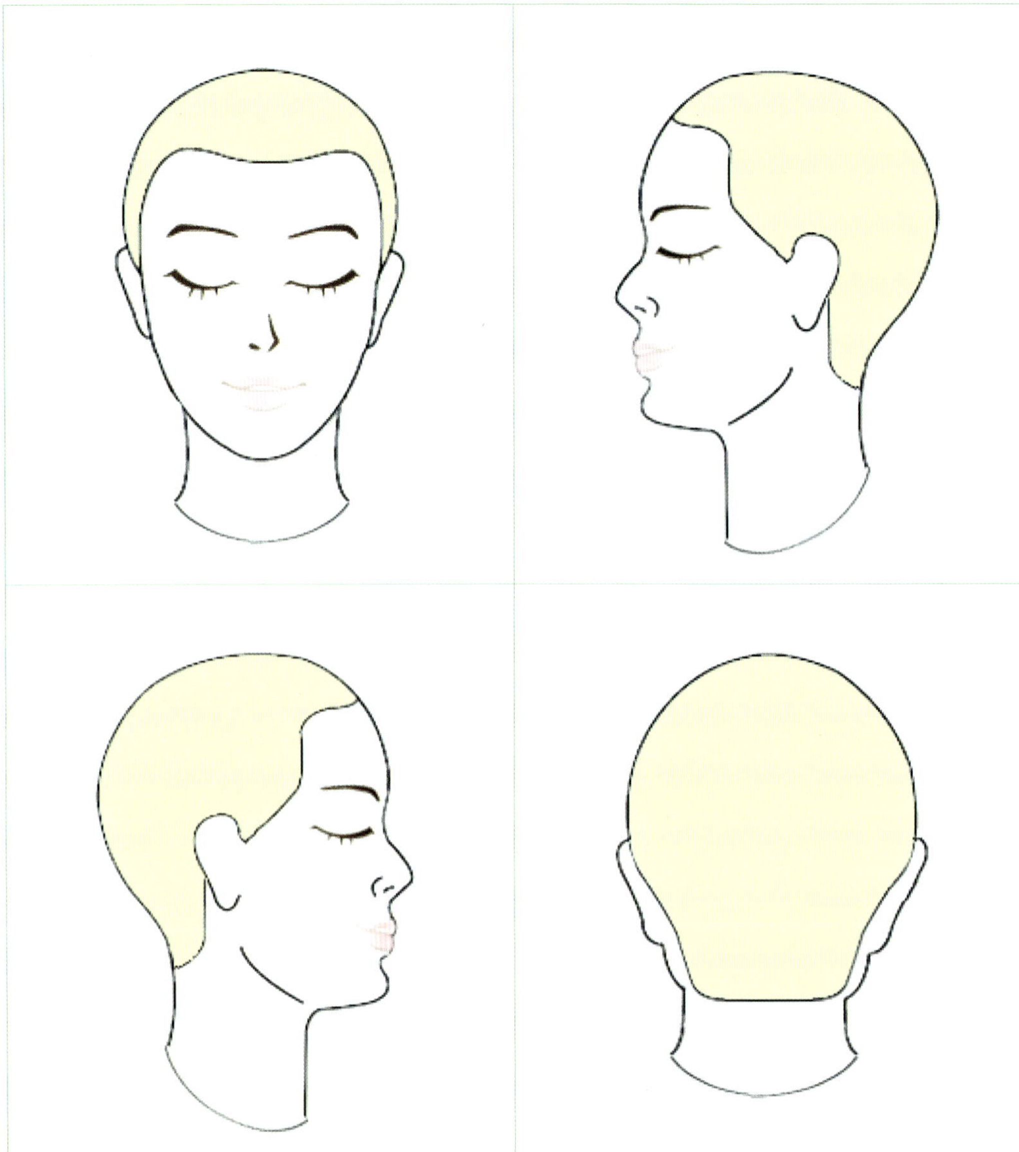

3. Styling & Up-style 12 시술과정

실습 과정 사진		
사진		설명
		• • • • •
		• • • • •
		• • • • •
		• • • • •
		• • • • •

실습완료사진	
앞(Front)	뒤 (Back)
우측(Right side)	좌측(Left side)

단원 평가

Styling & Up-style 12에 대한 장점과 단점, 그리고 느낀 점을 쓰시오.

[장 점]

[단 점]

[느낀 점]

참고 자료(저자, 책명, 출판사, 출판년도)

Chapter 14

STYLING & UP-STYLE 13

학습목표

작품명	

이미지 사진	시술 후 사진

1. Styling & Up-style 13 고객 정보 수집하기

성 명 :	시술일자 : 20 년 월 일
고객 이름 :	나이 :
얼굴 형태 분석 □ 계란형 □ 둥근형 □ 장방형 □ 역삼각형 □ 사각형 □ 삼각형 □ 다이아몬드형 두상 형태 분석 □ 탑부분 솟은 형태 □ 탑부분 낮은 형태 □ 측면 들어간 형태 □ 측면 나온 형태 체격 형태 분석 □ 정상체형(균형 있는 체형) □ 키가 크고 마른체형 □ 키가 크고 통통한 체형 □ 키가 작고 마른체형 □ 키가 작고 통통한 체형 목 길이 분석 □ 긴 목 □ 짧은 목 어깨 분석 □ 넓은 어깨 □ 좁은 어깨	
모질 상태 분석 □ 건강모 □ 손상모(염색모) □ 극 손상모 □ 직모 □ 파상모 □ 축모 □ 웨이브 모발 (□ 일반펌, □ 열펌) 가르마 형태 분석 □ 센터 가르마 □ 사이드 가르마 □ 곡선 가르마 □ 지그재그 가르마 □ 무 가르마 커트 형태 분석 □ 짧은 길이 □ 중간 길이 □ 긴 길이	
이미지 분석 □ Natural □ Classic □ Romantic □ Elegance □ Cutty □ Modern □ Sexy 의상 분석 □ 한복 □ 정장 □ 드레스 □ 캐주얼	
상담내용 (고객이 원하는 스타일)	
시술도구 및 제품	

2. Styling & Up-style 13 디자인 분석 및 시술 과정

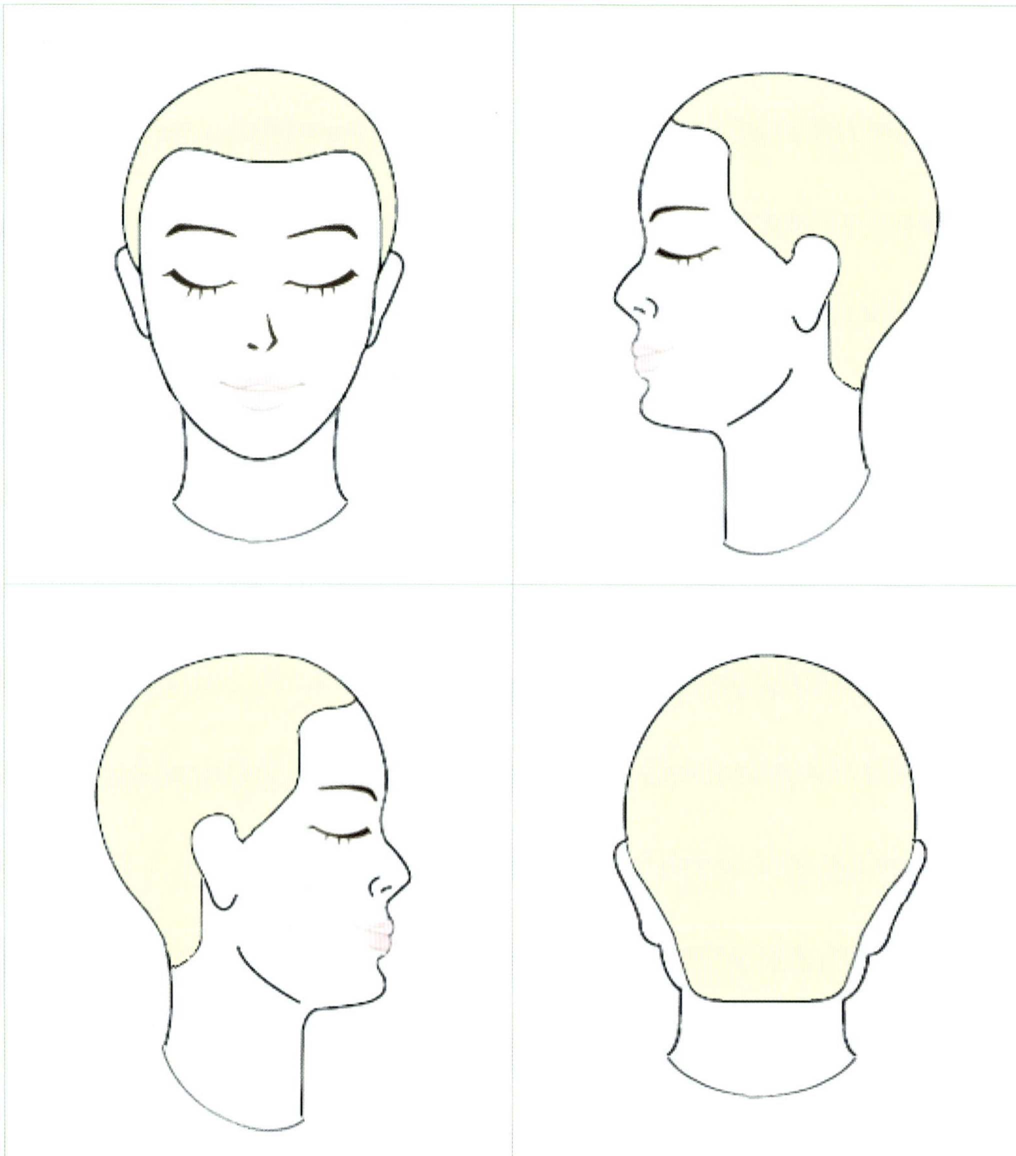

3. Styling & Up-style 13 시술과정

실습 과정 사진		
사진		설명
		• • • • •
		• • • • •
		• • • • •
		• • • • •
		• • • • •

실습완료사진	
앞(Front)	뒤 (Back)
우측(Right side)	좌측(Left side)

단원 평가

Styling & Up-style 13에 대한 장점과 단점, 그리고 느낀 점을 쓰시오.

[장 점]

[단 점]

[느낀 점]

참고 자료(저자, 책명, 출판사, 출판년도)

Chapter 15

STYLING & UP-STYLE 14

학습목표

작품명	

이미지 사진	시술 후 사진

Styling & Up-style 14 고객 정보 수집하기

성 명 :	시술일자 : 20 년 월 일
고객 이름 :	나이 :
얼굴 형태 분석 □ 계란형 □ 둥근형 □ 장방형 □ 역삼각형 □ 사각형 □ 삼각형 □ 다이아몬드형 두상 형태 분석 □ 탑부분 솟은 형태 □ 탑부분 낮은 형태 □ 측면 들어간 형태 □ 측면 나온 형태 체격 형태 분석 □ 정상체형(균형 있는 체형) □ 키가 크고 마른체형 □ 키가 크고 통통한 체형 □ 키가 작고 마른체형 □ 키가 작고 통통한 체형 목 길이 분석 □ 긴 목 □ 짧은 목 어깨 분석 □ 넓은 어깨 □ 좁은 어깨	
모질 상태 분석 □ 건강모 □ 손상모(염색모) □ 극 손상모 □ 직모 □ 파상모 □ 축모 □ 웨이브 모발 (□ 일반펌, □ 열펌) 가르마 형태 분석 □ 센터 가르마 □ 사이드 가르마 □ 곡선 가르마 □ 지그재그 가르마 □ 무 가르마 커트 형태 분석 □ 짧은 길이 □ 중간 길이 □ 긴 길이	
이미지 분석 □ Natural □ Classic □ Romantic □ Elegance □ Cutty □ Modern □ Sexy 의상 분석 □ 한복 □ 정장 □ 드레스 □ 캐주얼	
상담내용 (고객이 원하는 스타일)	
시술도구 및 제품	

2. Styling & Up-style 14 디자인 분석 및 시술 과정

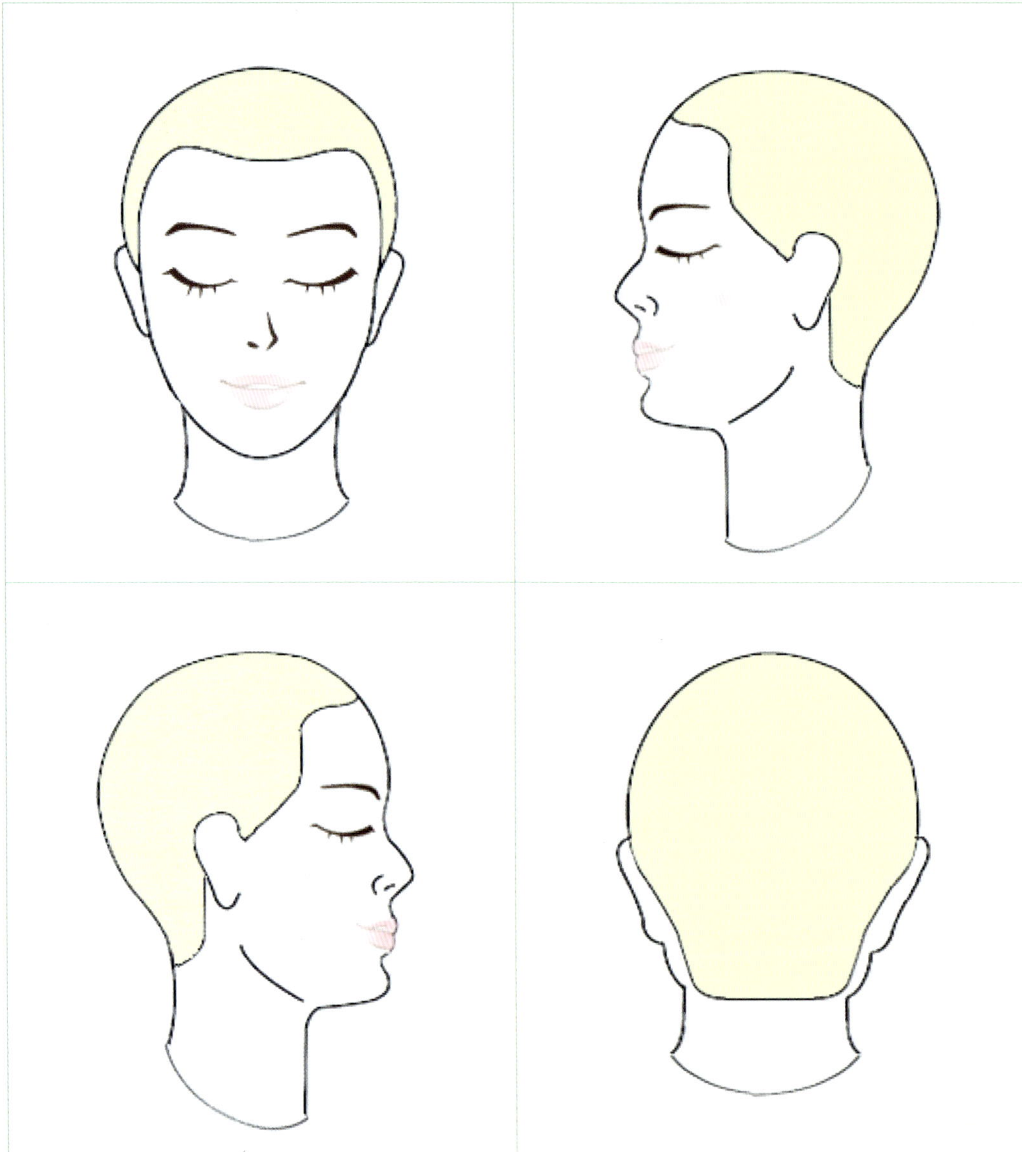

3. Styling & Up-style 14 시술과정

실습 과정 사진		
사진		설명
		• • • • •
		• • • • •
		• • • • •
		• • • • •
		• • • • •

실습완료사진	
앞(Front)	뒤 (Back)
우측(Right side)	좌측(Left side)

단원 평가

Styling & Up-style 14에 대한 장점과 단점, 그리고 느낀 점을 쓰시오.

[장 점]

[단 점]

[느낀 점]

참고 자료(저자, 책명, 출판사, 출판년도)

Chapter 16

STYLING & UP-STYLE 16

학습목표

작품명	

이미지 사진	시술 후 사진

Styling & Up-style 15 고객 정보 수집하기

성　명 :	시술일자 : 20　　년　　월　　일
고객 이름 :	나이 :

얼굴 형태 분석 □ 계란형 □ 둥근형 □ 장방형 □ 역삼각형
□ 사각형 □ 삼각형 □ 다이아몬드형

두상 형태 분석 □ 탑부분 솟은 형태 □ 탑부분 낮은 형태
□ 측면 들어간 형태 □ 측면 나온 형태

체격 형태 분석 □ 정상체형(균형 있는 체형)
□ 키가 크고 마른체형 □ 키가 크고 통통한 체형
□ 키가 작고 마른체형 □ 키가 작고 통통한 체형

목 길이 분석 □ 긴 목 □ 짧은 목

어깨 분석 □ 넓은 어깨 □ 좁은 어깨

모질 상태 분석
□ 건강모 □ 손상모(염색모) □ 극 손상모 □ 직모 □ 파상모 □ 축모
□ 웨이브 모발 (□ 일반펌, □ 열펌)

가르마 형태 분석
□ 센터 가르마 □ 사이드 가르마 □ 곡선 가르마 □ 지그재그 가르마 □ 무 가르마

커트 형태 분석 □ 짧은 길이 □ 중간 길이 □ 긴 길이

이미지 분석
□ Natural □ Classic □ Romantic □ Elegance □ Cutty □ Modern □ Sexy

의상 분석
□ 한복 □ 정장 □ 드레스 □ 캐주얼

상담내용 (고객이 원하는 스타일)

시술도구 및 제품

2. Styling & Up-style 15 디자인 분석 및 시술 과정

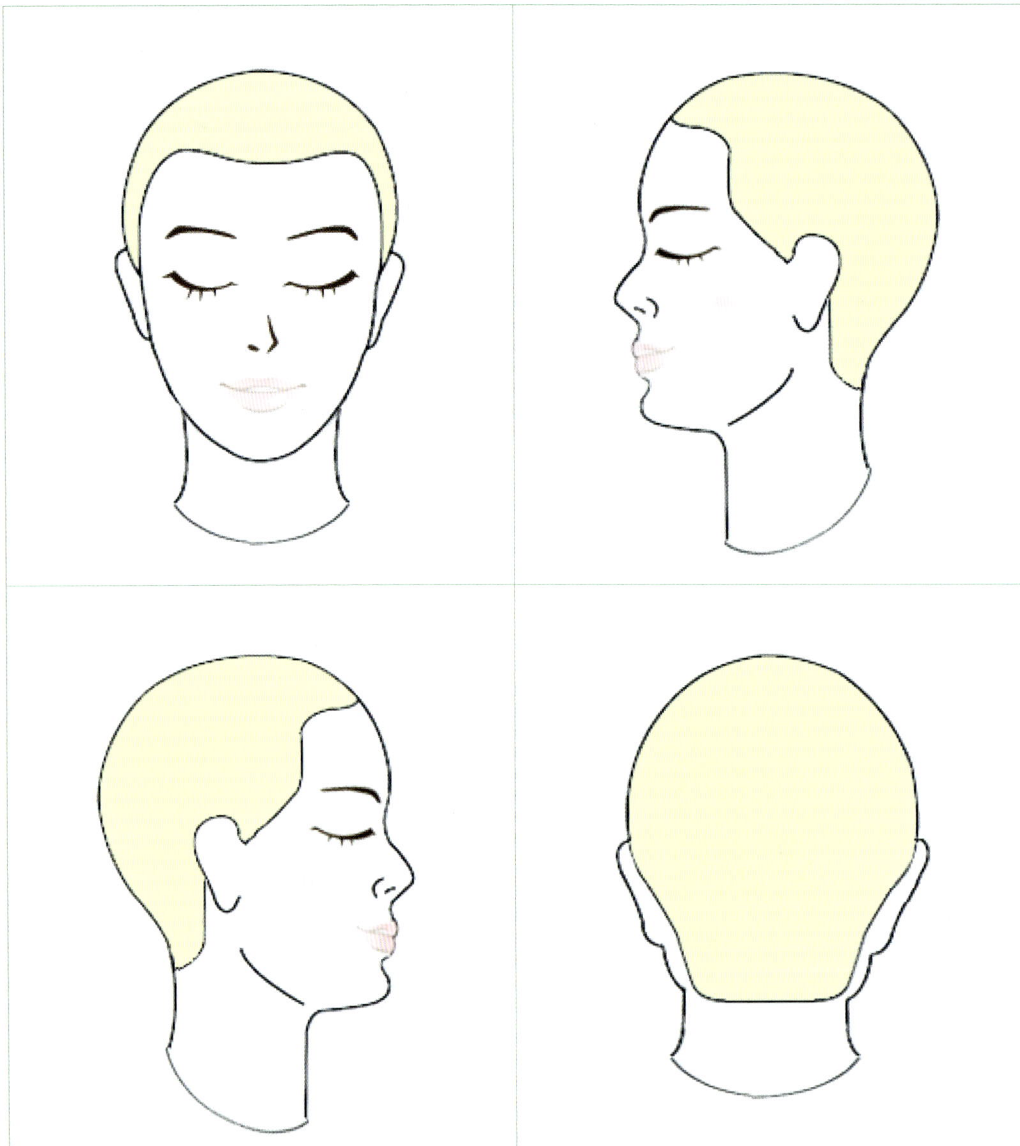

3. Styling & Up-style 15 시술과정

실습 과정 사진		
사진		설명
		• • • • •
		• • • • •
		• • • • •
		• • • • •
		• • • • •

실습완료사진	
앞(FRONT)	뒤 (BACK)
우측(RIGHT SIDE)	좌측(LEFT SIDE)

단원 평가

Styling & Up-style 15에 대한 장점과 단점, 그리고 느낀 점을 쓰시오.

[장 점]

[단 점]

[느낀 점]

참고 자료(저자, 책명, 출판사, 출판년도)

개인정보 수집 및 사진 이용 동의서

본인은
대학교 헤어 미용과 교재로 사용될 "Hair Styling & Up-style Work book"에 사용되는 헤어시술모델과 관련하여 개인정보를 제공 및 시술사진 활용하는 것을 동의합니다.

1. 목　　적 : 작품별 관련 모델 시술자료
2. 수 집 항 목 : 본인 얼굴 이미지와 시술과정 사진

20　　년　　월　　일

■ 본인

- **성　　명** : ______________ (서명)
- **생년월일** : ______________
- **주　　소** : ______________________________________
- **확인(시술자)** : ______________ (서명)

개인정보보호법 제15조

개인정보 수집·이용에 동의	☐ 동의	☐ 미동의
사진활용에 동의	☐ 동의	☐ 미동의

본인은 헤어 모델과 시술에 관련하여 어떠한 이의도 제기하지 않겠다는 것에 동의합니다.

20　　년　　월　　일

______________ (서명)

미용 요금 상세 주문 내역서

20　　년　　월　　일

고객성명	☐ 남 ☐ 여	핸드폰 (SNS)	☐ 수신 ☐ 수신안함
담당자		생일	
방문경로	☐ 블로그 ☐ 까페 ☐ 간판 ☐ 재방문 ☐ 소개 (　　　　) ☐ 기타		

시술내용	기본요금	추가요금	비고
컷트　☐ 남 ☐ 여 ☐ 학생 ☐ 디자인컷 ☐ 앞머리			
펌　☐ 앞머리 ☐ 다운펌 ☐ 기본펌 ☐ 영양펌 ☐ 열펌 ☐ 뿌리펌			
염색　☐ 뿌리 염색 ☐ 전체 염색 ☐ 탈 색 ☐ 헤나/왁싱 ☐ 와칸			
크리닉　☐ 기본 ☐ 특수			
두피 스켈링			
스켈링 컷			
드라이			
샴푸			
업스타일			
점판			

할인/서비스	(%) /
총 합계	
결제방법	☐ 현금　☐ 카드 ☐ 회원권

고객 확인	(서명)	담당자 (원장, 부원장, 점장, 실장, 디자이너, 매니저)	(서명)

* 공중위생법 관리에 의하여 시술에 참여한 사람은 모두 면허증(자격증)이 반드시 있어야 함.

STYLING & UP-STYLE

WORK BOOK

2020년 9월 15일 초판 인쇄
2020년 9월 20일 초판 발행

저 자 박은준·권은실·김우빈·임윤경·임지현

발행인 주 병 오·주 민 기

발행처 메디시언

주 소 경기도 파주시 회동길 209
파주출판문화도시

영업팀 (031)955-7566·7577
편집디자인팀 (031)955-7731
FAX (031)955 7730
홈페이지 www.ji-gu.co.kr
전자우편 jigupub@hanmail.net
등록번호 2005년 2월 16일 제 406-2005-000045호

ISBN 979-11-90839-07-5 값 15,000원